實戰高效 主管學

培養AI也無法取代的
八大軟實力

郭憲誌 ——

著

目錄

人才決勝篇

Part 1　成功主管必備的技能：正確用人觀念＋新世代領導　19

團隊進化篇

推薦序

沈柏延（中華民國資訊軟體協會理事長）

　　企業領導者與管理者面臨的不僅是市場競爭壓力，更有來自內部團隊運作的各種問題。《實戰高效主管學》是一部充滿實務智慧的實戰指南，為每一位希望提升管理能力、增強職場競爭力的讀者提供了寶貴的啟發。

　　作者擔任總經理及高階經理人多年，本書以「人才決勝篇」與「團隊進化篇」兩大篇章，對如何成為成功主管的核心能力進行系統性地說明。特別是選對人才的關鍵重要性，進行團隊管理、規劃業務策略、組織運作，到應變能力與領導變革等關鍵議題。

實戰經驗，直擊管理痛點

　　書中透過大量案例，以職場管理中的真實問題來解析。例如，高效率的領導關鍵是知人善任、且要因人而異，為何年終獎金發完後反而迎來離職潮？如何在高薪挖角時避免招募到不適任的人才？為何員工「出勤高但績效低」？自以為已經溝通好了，其實只是沒人跟你說實話？在本書中，對這些實務問題提供了切實可行的解決方案，使讀者能夠立即應用於實作上。

掌握趨勢，以高視野應對 AI 時代的挑戰

本書提到 AI 浪潮對職場的影響，提醒讀者領導能力與團隊管理的重要性將更勝以往。當自動化技術與人工智慧加速取代部分傳統工作時，人際互動、組織協作與策略思維將成為企業存續的關鍵競爭力。本書強調，在未來的職場中，真正能夠立於不敗之地的管理者，不是僅懂技術或數據的人，而是能夠「驅動人心」的人。

一部值得反覆閱讀的管理寶典

這本書的價值在於能幫助主管們培養「洞察力」與「應變力」，從而做出更具前瞻性的決策，這是一本能夠長期陪伴你職場成長的實戰手冊。

無論你是剛晉升管理職場的主管，還是帶領團隊突破瓶頸的資深領導者，《實戰高效主管學》都將成為你管理生涯中的得力助手。閱讀本書，透過學習與實踐，將能幫助你在瞬息萬變的職場中脫穎而出，成為高績效且有影響力的領導者！

推薦序

林士茵（仁大資訊董事長）

　　我非常高興能跟大家推薦《實戰高效主管學》這本書，我在28 歲時選擇了創業成立「仁大資訊」至今已 32 年，而創業過程中所有遇到的問題，在這本書上都清楚地點出來了。而且本書從中階主管的心態及如何挑選對的員工，一直到培養「組織力」、「溝通力」、「應變力」、「創新力」「洞察力」、「政治力」、「晉升力」及「領導力」等共十個 Part，值得企業主及所有的主管一起來研讀。我自己讀完本書後、將重點整理如下：

1. 現階段企業缺工嚴重，明知要在對的時間、找對的人、放對的位子、做對的事，聽起來簡單但實際上困難重重。Part 1 分享了「成功主管必備技能，正確的用人觀念＋新世代領導」可以為大家解惑。

2. 這本書也道出大部份中階主管不敢 fire 員工，寧願讓不適合的員工拖垮組織的困境，Part 2「中高階主管一定要懂，職場規劃＋業務策略」值得中高階主管細讀。

3. 企業員工太過被動，或老闆只會用聽話的員工，企業將會效率不彰、缺乏創新的動能，Part 3「挫折與挑戰，磨練出你

的組織力」及 Part 4「懂得體察人性，才能擁有溝通力」提到的案例，可以幫助大家找到解決的方法。

4. 適應未來的趨勢，主管必須調整心態反省自己，也必須培養新世代成為企業未來的希望，在 Part 5「學會反醒自己，你將擁有應變力」及 Part 6「放下身段，向年輕世代學習創新力」提供了不一樣的思維可以參考。

5. 在組織內耗中，最多來自同仁的不想改變，一直將舊思維套在新的科技上。仁大資訊在換 ERP 系統中換掉了財務長、換掉了舊思維，換掉一切不想改變、不想成長的人。也呼應了 Part 7「避免組織內耗，你必須具備洞察力」的內容，非常具有實戰的價值。

6. 組織中最怕的是內部自相角力，互相內鬥，而 Part 8「看破卻不說破，聰明學會政治力」及 Part 9「破框思維，向上管理得到晉升力」可幫助你贏得老闆的信任、學懂職場道德、如何跟直屬主管共處，以及與各部門共好。

7. Part 10「勇於突破，驅動變革，建立領導力」，這個世代唯一不變的就是改變。如何在組織變革中把 OGSM（Objective 最終目標、Goal 具體目標、Strategy 策略、Measure 檢核）完整的規劃並且做好，是企業未來最需要重視的事情。

看完這本書的心法，有一種直接戳破盲腸問題點的感覺，如果 30 年前就有這本書，我就不會走得如此辛苦了！本人林士茵真心跟大家推薦這本書。

推薦序

盧希鵬（臺灣科技大學資訊管理系特聘教授）

　　在這個 AI 快速崛起的時代，許多工作中的「難題」都能藉由人工智慧來解決，比如分析數據、記憶知識、處理重複性任務，只要努力掌握技術，成功似乎近在咫尺。然而，真正考驗我們的是那些「複雜」又帶有人性的事 —— 領導、用人、協調團隊，這些事情不僅需要智慧，更需要經驗和洞察力。就像我曾開玩笑說的：「如果讓 ChatGPT 活在《後宮甄嬛傳》中，不知道能活到第幾集？」這恰好說明了 AI 無法處理人際關係的深度與微妙，而這本《實戰高效主管學》正是幫助我們應對這些挑戰的寶典。

　　郭憲誌博士以 30 年的實戰經驗為基礎，深入淺出地告訴我們如何在 AI 時代中發揮人類無法被取代的價值。本書的每一篇文章都結合理論與實例，讀起來既輕鬆易懂，又充滿啟發性。例如，在「團隊成功的第一要件：選對人！」中，作者以真實案例說明選才的「三要三不要」原則，讓人理解如何避免用錯人；在「為什麼年終獎金發完，離職潮也隨之而來？」這篇中，作者不僅剖析了激勵員工的盲點，更提出具體可行的多元化激勵方案。書中還提到新世代管理的挑戰，在「白目的年輕人，打破了辦公

室的潛規則！」中，作者幽默地分享如何與年輕世代共事，並用實例教我們建立信任和激發熱情。

此外，「你公司用什麼方法吸引、並留住人才？」這篇特別引人深思，作者提醒我們在數位轉型浪潮下，企業應該如何以創意和彈性來吸引和留住關鍵人才。而在「你該站在員工的前面，或是躲到後面？」中，他以領導者應對危機的視角，告訴我們什麼才是高效能領導的真正關鍵。全書充滿實戰案例和具體作法，每一篇文章都有故事、有理論、有方法，讓人讀完不僅學到新知識，還能立刻應用在工作中。

郭憲誌博士不僅是臺灣科技大學的傑出校友，更是一位將實戰經驗化為理論基石的管理專家。《實戰高效主管學》是一本難得的好書，教你如何在 AI 無法觸及的領域中脫穎而出，成為真正高效的領導者。讀完這本書，你會發現，領導與用人這件事，不僅是一門學問，更是值得一生追求的藝術。

序幕

AI 浪潮來襲！你將被取代？
或能破浪前行？

　　30 年前若是你具備 e 化工具軟體的使用能力，你一定是職場中的關鍵人才，並且能夠得到最佳的機會大放光芒；20 年前如果你擅長電腦程式語言的撰寫，或具備 IC 設計相關的能力，那麼你一定是炙手可熱的工程師；10 年前若你已經開始投入在大數據或雲端技術的使用，那麼今天你應該也已經小有成就。

　　但可以預測在不久的未來，過去幾十年來我們所累積的關鍵技術能力，都將迅速的被「人工智能」（Artificial Intelligence，AI）所取代，而「生成式 AI 工具」（Generative AI Tools）也必然會成為職場中大多數人必備的工作技能之一，就如同今天每一個人離不開電腦、行動裝置和網路一樣。所以，AI 不僅將會取代許多人既有的工作內容，而且即使具備使用 AI 工具的能力，也未必能夠使你擁有優勢或因此脫穎而出。

　　具體來說，未來的世界裡需要大量記憶與分析、可根據紀錄或大數據重複比對判斷，或透過機器學習和演算法可以處理的事，或是經過資料融合即可產出的文字或影片等內容，這些工作都會逐漸被機器取代，例如：旅行時每個國家的出入境審查、智

慧建築中的監控與門禁。另外、金融機構多數業務都會由線上 AI 語音服務和提款機取代,即使是複雜的理財服務和保險業務也不例外。更大範圍的來說:零售行業的店員也將會失業,因為除了電商、網路購物、無人實體商店以外,透過線上＋線下、AI 虛擬與實體整合的方式,將提供更多元的體驗方式,商品的銷售模式必將發生根本上的改變。更進一步來看,未來 AI 會成為很棒的訓練與輔助工具,尤其是針對語言教育、車輛、飛機、船舶駕駛或高難度的器具操作相關的工作,AI 也將會成為很好的個人化工具,包括隨身同步口譯、即時地圖導航或古蹟與博物館導覽等。另外,目前 AI 在醫療輔助方面發展迅速,而在商業數據與趨勢分析方面,AI 甚至已經可以取代多數複雜的商務助理的工作,大量的文件資料與文書處理、未來都將會由隨身的 AI 會議紀錄設備完成。

但是在這樣的趨勢之下,我們除了加緊步伐跟上 AI 的潮流以外,更重要的逆向思考關鍵應該是:如何在 AI 世代中不被淘汰、而且能夠持續創造差異與優勢。就如同過去每一次的趨勢狂潮來襲,我們無法抗拒電腦化、行動化、雲端化等改變,但我們卻必須在工具進步的同時,仍保有自己的關鍵核心能力,特別是要學習具備讓工具發揮加乘效果的「思辨能力」,而不僅只是使用工具的「操作能力」而已。

正因為 AI 將迅速地成為下一個世代的基礎環境,未來在這個人工智能化的世界中,人與人之間的真實接觸、有效溝通、和諧互動的能力反而將變得彌足珍貴,因為虛擬世界中的便利性會

使我們降低了真正與人交流的機會，因此，科技越是進步發達、人際之間的距離也會越來越遠，想要快速的從網路上獲得 AI 工具、完成工作變得十分容易，但想透過真實的人際關係取得信任、推動團隊合作卻難上加難。所以，**具備能夠「貼近人性」、「驅動人心」的領導能力，將使你成為組織中無法取代的關鍵角色，也必然可以更輕鬆且深入地運用 AI 工具自我成長。**

我自己親身經歷了 30 年來的每一次科技進步的潮流，從 e 化一直到雲端化無役不與，也從基層的小小螺絲釘，一直晉升到管理一家公司的掌舵者，我深刻地體會到跟上進步的趨勢是必然，掌握脈動積極創新也是必要，**但更重要的關鍵卻遠永都是「人」！**因為無論科技與工具再怎麼進步，或是企業再如何求新求變，**若是沒有「對的人」、沒有穩定且高效率的組織運作，那麼一切工具的進步和方法的創新，都只是建立在一個無法長治久安的基礎之上，終將因為人的問題而土崩瓦解！**所以我將自己在 30 年職場中的真實體會與實戰的經驗，整理成「人才決勝」、「團隊進化」兩個篇章，分別從立刻可上手的實務操作，以及長期能力與觀念養成的兩個不同構面，希望可以幫助到所有的專業經理人，能夠成為具備高效率領導能力的主管，無懼 AI 浪潮掀起千萬風雲，仍能笑看起起伏伏的職場人生。

人才決勝篇

Part 1

成功主管必備的技能：
正確用人觀念＋新世代領導

團隊成功的第一要件：選對人！

▲ 所有成功的企業、都投入最大的資源在人才甄選！

一大早、Alex 開著車要去公司，卻突然接到電話：「喂～老闆！我是 Amy，很抱歉，要跟你報告一件事。我上個月接到那張大訂單，現在要安排採購、交貨，我才發現我漏了估算一部分設備第二年的保固成本，如果加上這個成本，可能毛利會掉到不足 3%⋯⋯。」

Alex：「你們跟客戶簽約前都沒有 double check 過 BOM 表和供應商報價嗎？為什麼會漏掉？你現在沒辦法去跟客戶溝通協調這個問題嗎？」

Amy：「老闆真的很抱歉，我們雖然都對過資料，但應該是當時客戶一直催我們回傳報價及確認訂單，太著急才會忙中有錯。現在已經簽約了，客戶應該不會讓我們再調高總價。如果不履約，還會有違約罰款的問題。」

Alex：「Amy，你知道加上這一次，你是第幾次出問題了？不是弄錯時間導致延誤客戶交期，就是沒及時回覆客戶要求的資料被抱怨，現在又搞錯報價讓公司蒙受損失！你究竟要我繼續幫你收爛攤子到什麼時候啊？」

　　一頓脾氣發完後，兩人的對話無法繼續下去，但 Alex 卻開始回想自己當初為什麼會面試 Amy 進來？為什麼沒有發現他這些粗心大意和缺乏數字概念的缺點呢？此時，他才赫然想起自己的朋友提醒的：Alex 你就是標準的「外貌協會」啦！別總只錄取漂亮的女性業務，小心哪一天會吃虧喔！

◢ 用對人、事半功倍！用錯人、累死自己！

　　團隊運作其實就像是龍舟競賽，必須要有一個很棒的舵手，為這艘船控制方向，朝目標前進，也要有能聽從號令做出一致划槳動作的船員，才能讓龍舟以最有效率的速度抵達終點。但想像一下：若是號令忽快忽慢，或有 1、2 個船員總是動作不一致，前一個船員的槳，總與後面船員的槳相撞……這艘龍舟會變成什麼樣子？

　　因此一位成功主管的必備能力就是「用人」。如果主管能夠持續晉用「對」的人，那團隊絕對會有優秀的表現；但若是主管總是用到「不對」的人，不僅團隊表現不佳，身為主管的你也會為了解決問題而疲於奔命，甚至會因為用人不當拖垮整個團隊。

　　但主管該用什麼方法來篩選及過濾出「對」的人？或是該如何避免用到「不對」的人呢？

◢ 用人的「三要＋三不要」原則

很多年輕主管在剛開始擔任主管工作時，最容易遭遇到的困擾就是不知道該怎麼提出「用人規格」給人力資源部門（human resource，HR），也不確定該怎麼篩選出適合的應徵者；甚或有應徵者上門，也沒有一套具體的方法來面試。

這些種種「不確定」，往往會變成一套非常籠統的標準：性別不拘、大專以上學歷、具相關業務經驗佳、具外語能力優先錄取等，而後只能在茫茫履歷信件中碰運氣，並且在面試過程中挑出看得最順眼的應徵者錄用。因此、我建議招聘用人的主管應該先建立下列三個必要原則：

第一要：設定清楚且具體的用人規格

根據所屬的產業特性及用人單位的性質，身為用人主管應該清楚將需求詳列出來，並依照工作需要與未來的發展排出優先順序，這可以讓 HR 訂定出具體的招聘規格，也可以此作為篩選履歷的標準。例如：學歷應具體列出專長系所、具體年齡區間，工作經驗應列出產業別及年資，技能應具體要求是否須具備證照或可量化的要求等。

第二要：建立一套面試標準

千萬不要將面試當作是一場閒聊，應將要觀察與了解的重點分成下列幾個區塊，在每個區塊設計問題要求面試者回答：

- 個性與價值觀
- 職涯規劃與工作經驗
- 專業知識與能力
- 臨場反應及表達能力

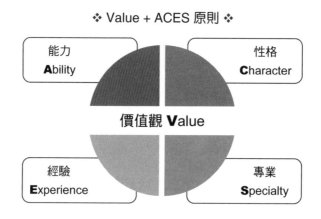

❖ Value + ACES 原則 ❖

　　可以用探詢個性、價值觀的各種提問測試應試者，在面試環節中交叉提出反向的問題，藉此觀察面試者的潛在性格與其價值觀，並且儘可能透過各種詳細的提問，更具體地了解應試者的真正特質。

第三要：兩位以上不同主管的複試

　　這樣的方式可以避免用人主管可能產生的偏誤，特別是在專業能力與人格特質的發掘上更是如此。跨部門或不同個性的主管

往往會有不同的觀察與發現，也能夠讓應試者感受到企業對於此一職缺的重視，進而對受聘加入後的工作態度有積極的影響。

如果能夠做好前述的「三要」原則，應該可以有效地幫助主管更有可能的找到「對」的人。但要能夠更全面提高找到「人才」的機會，可以輔以下列的「三不要」原則：

不要以貌取人

不要受到有形的外在條件的影響。所謂「外在條件」並不限於外貌，也包含學歷、家世等條件，例如：重學歷卻忽略經驗、過度在意外在條件，或是對與適任工作無關的條件有所偏好。

不要輕言寡諾

招聘人才是企業與團隊的成功關鍵，切勿有「先將員額補齊再說」的想法！若是誇大公司的福利與未來發展，招募進來的人未必能留得住，反而徒增困擾，也浪費資源。

不要侷限於同溫層

避免因「三同因素」（同一所學校、同一種嗜好、同一種信仰）而用人，這些和用人主管相同的事情，並無法與工作的適任性及發展潛力畫上等號，應該避免因為這些因素而錄用。

人才是企業是否能夠永續發展的關鍵，而「選、用、育、留」則是企業人才發展上的四大步驟與循環，但若在「選」的階

段就沒有做好，則後面的其他三項關鍵工作就會徒勞無功。因此善用「三要＋三不要」原則，將有助於主管做好選才的工作。

❖ 建立高效能的面試規範 —— 追蹤後續成果 ❖

招聘職稱：資安工程師	招募部門：資訊中心	履歷編號： 面試日期：　／　／	
應聘人姓名	電話	郵箱	
必備技能要求	例如外語、專業證照（Good、Normal、Unqualified）		
四項職能權重	A：30%、C：20%、E：10%、S：40%		
能力 A	1. 未完全具備本職缺所需之關鍵能力 （Unqualified × 0.5） 2. 已具備本職缺所需的關鍵能力 （Normal × 0.8） 3. 具備優於本職缺所需之關鍵能力 （Good × 1）		依照權重計算得分
性格 C	1. 性格特質未完全適合本職缺 （Unqualified × 0.5） 2. 性格特質適合本職缺 （Normal × 0.8） 3. 性格特質非常適合本職缺（Good × 1）		依照權重計算得分
經驗 E	1. 未完全具備本職缺所需相關經驗 （Unqualified × 0.5） 2. 已具備本職缺所需的相關經驗 （Normal × 0.8） 3. 具備優於本職缺所需之相關經驗 （Good × 1）		

專業 S	1. 未完全具備本職缺所需之專業 （Unqualified × 0.5） 2. 已具備本職缺所需之專業 （Normal × 0.8） 3. 具備優於本職缺所需之專業（Good × 1）	
價值觀 V	1. 價值觀與本公司文化有所差異 2. 價值觀與本公司文化雷同 3. 價值觀高度符合本公司文化特質	1、2、3
面試總評		總分

你公司用什麼方法吸引、並留住人才？

◢ 別讓固化的思維、僵化的制度成為企業的絆腳石！

Kelvin 正忙著檢視下週要投標簡報的文件，突然接到 Mei 的電話：「老闆，麻煩大了！專案部門裡唯一的資深助理 Amy 剛剛提出辭呈了！但是我們現在正在備標，所有的文件格式和規範卻只有他最熟悉，該怎麼辦？」

Kelvin 急著問道：「她不是做很久了嗎？為什麼突然說要離職？發生什麼事情嗎？」

Mei 回答：「就是因為她來公司很久了，卻一直都只能做助理的工作而沒有被晉升，現在對手公司來挖角，對方給她的條件優於我們公司非常多，所以她毫不猶豫的就答應跳槽過去了！」

Kelvin 氣得問說：「專案部門的經裡為什麼沒有發現這樣的問題？關鍵的工作只依賴著一位同仁，卻又沒有重點發展這個人的職涯，究竟在幹什麼啊！」

Mei 有點委屈地回答：「老闆……專案部經理也是依照公司的規定。因為 Amy 的學歷比較沒那麼好，所以當初進來公司時起薪較低，再加上這兩年公司的各部門的缺也都很少，所以可以晉升的空間也很有限，才會讓她一直都停在助理的職等……。」

接著，Mei 又說：「公司全體同仁都是依 HR 規範敘薪，而後按年資、考績逐年晉升與調薪，Amy 的離職，實在不能怪專案部經理。」

◢ 制度除了強調公平性，還應該創造些什麼？

其實，大多數公司目前仍延用著最基本的人資管理原則，包括以學歷、證照、經歷等條件過濾與篩選進用新人，甚至，多數的公司會以上述的標準，擬訂出敘薪的計算公式。因此，在這樣的格式化原則之下，即使具有特殊才華或是特別突出的技能，若不在原有標準的規範中，也很難有加分的效果而被破格晉用，或是給予特別的待遇。

也正因為 HR 制度使然，鮮少會有人去逆向檢視或進一步評估：究竟畢業學校排名越高、經歷越豐富、證照越多的員工，是否為公司帶來更大的貢獻？成為公司需要的關鍵人才的比例是否更高？這樣格式化的選才，真的是最好的方法嗎？

另一方面，許多主管應該都曾經有過相同的經驗：每年的調薪預算就是有限制，杯水車薪的情況下，若每個人都要調薪，平均調幅就非常有限。特別是基層員工，起薪不高所以每年幾 % 的調薪、從實質收入來看更是「無感」，如果沒有被晉升職等或是額外敘獎，要能夠「有感調薪」，是非常困難的事情。

因此，企業裡員工一旦任職時間較長、或是未能在工作上明顯的被拔擢，多數都會逐漸對工作缺乏期待，並且缺乏突破現狀的熱情，而這就是制度所造成的組織老化現象。

◢ 進化型組織需要什麼樣的人才？

在數位轉型浪潮的衝擊下，可以預見的是，越來越多資訊與技術經由「開源」（open source）方式流通與傳播，企業發掘與運用人才的方式，也應該與時俱進。特別是對既有組織的績效管考方式，也要學習以「進化型思維」來調整。

以下四點，可作為人才篩選和績效考核的觀念調整參考：

一、創意式徵才

澳洲大堡礁觀光大使徵選，曾經以提供五星級度假村免費體驗 1 年＋優渥的薪酬，在網路上徵選最佳部落客，以影音或撰文所吸引的閱覽數量，來決定誰能獲得這份工作。活動吸引全球數萬名年輕人參與，也招來了全球數百萬人為這些年輕人投票，更吸引大量媒體報導討論。請問、如果是你的企業可以使用什麼樣的創意來引進人才呢？

二、人格特質徵才

全球搜尋引擎巨擘 Google 的 HR 副總，曾經在媒體上公開他們徵才的需求特質，包括要有「好奇心」、「有獨立、創新的想法」、「有意志力和熱誠」、「能解決超難問題」、「分析技巧」、「對計畫負責任」、「謙虛」等。所以寧缺勿濫地找到最適合企業特質的人才，是 Google 成功的原因。而你的企業需要什麼樣人格特質的人才呢？

三、成果導向考核

　　無論是業務或是非業務性質的員工，其績效考核都應該與實質的營收、獲利互相連結，以企業的經營效率為目標，並將可量化的客戶滿意度或具體的客戶體驗成果，作為全體員工必須共同追求的目標。

四、鼓勵創新與改變

　　例如商業模式的創新、技術能量的創新、成本控制的創新……，一切的方法創新都應該給予鼓勵，要將「創新」的文化融入成為企業的內涵和底蘊，而非僅是掛在嘴邊的口號。

　　企業在面臨組織進化的過程中，最關鍵的挑戰就是要有「人才」。然而，人才的進用不應該是「可遇不可求」的碰運氣，而是要透過由內往外擴散企業的進化理念，並且徹底改變思維、調整策略，打破既有框架與不合時宜的制度限制，再落實於企業運作與執行的過程，才能夠真正吸引人才加入，以及留住優秀人才為公司努力打拚。

為什麼年終獎金發完、離職潮也隨之而來？

◢ 激勵真的能夠留任員工嗎？

Hanson 一早打開電腦，就看見幾封 mail 的標題很讓人驚訝：「珍重再會」、「期待再相聚」、「我的私人郵箱」……，一時之間還沒回過神來，究竟是發生什麼事？仔細地打開信件一一詳閱，才發現是幾位同事寄出道別信，即將在農曆年後離職。

Hanson 心裡不禁犯嘀咕：「前一週才剛剛和幾位主管討論該怎麼培育新人，剛發完年終獎金就有幾個人要離開，究竟是發生什麼事了？」於是他立刻撥了電話給 HR 主管 Merry 詢問原因。

Merry 給了一個關鍵的答覆是：公司每一年的第四季都是工作最繁重的時候，也是趕訂單交貨的高峰期，員工熬到這一季結束，就是期望公司年度目標達成，除了年終以外，還應該可以領到今年的績效紅利。可是聽說今年三項關鍵績效指標（KPI）中，有一項肯定無法達成、明年沒有績效紅利了，所以，一些員工會因此流動也是預料中的事。

但 Hanson 卻是非常憂心地想著：該怎麼補足這些流失員工的生產力？如果現在接到大單還有辦法消化嗎？難道沒有更兩全其美的辦法嗎？績效紅利的發放雖然是依照董事會決議的辦法作業，但若無法發揮激勵員工的效果，或反而變成驅動員工提前轉

職的因素，是否應該爭取調整與改變呢？

◢ 全公司績效 vs 個人績效　如何平衡？

　　許多企業會在擬定下一個年度目標時，為達成目標訂定一個發放獎金的指標，例如：業務人員就會有業績目標及業績獎金的計算辦法，而一般針對業務性質的同仁所訂定的目標與獎金辦法，多數都是針對個人，但是在「非業務人員」部分，則鮮少能夠訂定「個人化」的獎金計算。因為非業務同仁沒有個別的業績目標，只能夠依照年度表現的考核來評估其績效，全年度或是周期性地給予獎勵。

　　也因此，多數企業對於非業務同仁會採用全公司的績效表現作為基礎，如果全公司績效表現達成目標，則每一位非業務同仁再以個別的考績來發放獎勵。舉例來說，A 公司訂定全公司 2024 年的目標為三項：

　　一是全年營收達成 100 億，二是全年淨利達成 10 億，三是公司市佔率超過 20%；而三項指標的權重分別為 30%、50%、20%。

　　任何一項指標達成率未達 80%，則該項權重歸零，三項指標權重加總未達 80% 則不發紅利，超過 80% 則以實際達成 % 乘上 1 個月全薪作為績效獎金，最高上限為 2 個月的月薪。

● 情境一：公司達成營收 105 億、淨利 7.9 億（低於 80%，權重 50% 不計以致於加總達成低於 80%）、市佔率 25%，績效

獎金 0。

- 情境二：公司達成營收 90 億、淨利 8 億、市佔率 20%（達成 87%）績效獎金月薪 0.87 個月。
- 情境三：公司達成營收 100 億、淨利 9 億、市佔率 15%（達成 87%）績效獎金月薪 0.9 個月。

從上述例子可以清楚發現，KPI 與權重的設計非常關鍵，應避免因為些微的差異而造成巨大的影響。畢竟、企業擬定績效指標是希望員工被激勵，而非留下對公司「為富不仁」的抱怨，以及努力得不到報酬的遺憾。

◢ 齊頭式獎勵缺乏激勵效果

其實，績效獎勵辦法無法達到預期的效果，多數是考慮到所謂的「公平原則」與「作業流程」的簡化。因為非業務同仁沒有實質的業績目標可以「量化考核」，因此將全體捆綁在一起達成公司的指標。雖然有個別員工的考績評核，但若是公司 KPI 未達標時，就會形成對個別表現優異同仁的懲罰效應。

如同管理學中的「木桶原理」（短板理論）所述，一個木桶是由多片木板箍在一起所成，木桶能夠裝多少水決定在於最短的那一塊木板。當組織中有一個缺口或是弱點，我們應該設法將這個部分改善或是提升，而不是將其他所有的木板切短來配合。

所以、企業鼓勵團隊合作而設定公司全體 KPI，固然可以激勵大家一起朝向共同的目標努力，但每個人對於公司的貢獻大小

不一、表現不同，若能兼顧對個別同仁的創新、績效突出，或年度考績評核不僅只與全體 KPI 連結，而有其他鼓勵措施也共同連動，將會有助於讓個別的非業務同仁也更積極地表現自我、爭取績效。以下幾個具體的作法可供參考：

- 全公司的 KPI 設定年度績效紅利以外，增設部門 KPI 給予半年或季度激勵。
- 依不同性質工作設置不同的激勵標準，例如：研發創新、客戶滿意度、節能或效益提升。
- 適當分散獎勵的時間，避免集中於年度或特定節日發放。例如：年終、三節、半年等，各自發放一定比例，使同仁感受到公司確實與大家分享經營成果。

◢ 激勵的目的是產生向心力

獲利是企業經營與發展的核心價值，而員工何嘗不是為了獲得更好的報酬而努力，因此，唯有獲利能夠驅動企業不斷持續成長，也只有不斷地激勵才能帶動員工對企業產生向心力，進而為企業的永續發展提供源源不斷的根本動力。

❖ 依循 SMART 原則設定 KPI ❖

高工時 ≠ 高效率、
高出勤 ≠ 高績效！

◢ 讓員工認真工作、樂在生活，向心力更高！

Monica 一大早進辦公室就覺得怪，剛過完新年長假，每個人卻都一副精神不振的樣子！坐下來看見桌上一疊請假申請單、更是讓自己怒火中燒！

隨手挑起放在最上層的一張假單、就撥了電話給批這張假單的部門主管，問道：「為什麼才剛放完長假，你的部門又一堆人請假？你要管一下嘛、不要這樣當濫好人可以嗎？年前積壓的工作已經嚴重 delay 了！不要再隨便准假了！」。

接著他又發出一封 mail 給轄下的所有主管，要求嚴格審批年後請假的假單，非必要的請假應該從嚴核准，特別是生產力已經落後的幾個單位要更加謹慎給假。

隔了幾天、Monica 桌上突然多了幾張離職申請單，於是他找了 HR 和部門主管來了解，才發現他的政策性要求已經造成基層員工的反彈。幾位員工在請假申請被主管駁回後，索性就直接提出離職申請，反而造成員工之間的議論，大家都覺得公司只考量生產力和績效，卻不能尊重員工的休假權利，所以士氣反而因此而更加低落。

◢「假期後症候群」不是怠惰、而是一種疾病

根據心理醫師的臨床研究,「假期後症候群」(post-holiday syndrome)是現代人的一種心理上的疾病,因為平常工作時高度的緊張與專注,在長假期間又會因為過度放鬆或缺乏身體的活動,所以,返回工作崗位的時候很容易因此而不適應,甚至會產生一些心理、或是生理上的反應,包括:情緒不穩定、容易疲倦、身體不適或是精神不能集中等症狀。這也促使一些人會在長假期之後,透過延長休假來調適,或是尋求專業醫生的幫助,讓自己能夠儘快地恢復愉快的工作心情。

而主管在面對這個現代人的文明病,該怎麼處理才能有效幫助員工呢?以寬容與包容的心態來看待,我相信一定會比負面地認為員工是消極怠惰來得好。也因此,我們如果能理解這個狀況,並針對可能有的問題、提前在假期前就進行因應,就不會在假期後造成公司營運與員工休假上的衝突。

◢「主動式休假管理」幫員工建立健康身心

其實我相信一個能夠讓員工感覺非常「幸福」的企業,必然會有非常好的績效表現,因為員工的動力不是由壓力所驅使,而是由對企業的向心力,和對企業永續經營的期盼所帶動。

所以,公司根據法令給予同仁的休假權利,與其被動等待員工來申請而造成工作分配上的困擾,還不如主動協助同仁規劃應

該有的休假，這不僅有利於員工、更有助於公司的營運管理，而具體的作法可以有以下幾項：

一、年度特別休假

根據勞基法規定的「年度特別休假」從 6 個月～未滿 1 年年資的 3 天，到 1 年以上年資的 7 ～ 30 天特休假，多數勞工會用來安排旅遊或與家人相聚，部門主管可以每年年初與員工討論，主動提前安排休假的時間，以避免大家都在同一時段請假，例如：寒、暑假期間，或是連續假期前後應該錯開休假。甚至可以鼓勵年休假若配合避開公司須加班的旺季，可以有額外的給薪假補償。

二、長假期的休假規劃

多數企業都會依照政府規範的年度行事曆決定上班日與休假，但不同的企業其實也會有不同的季節性，尤其是慣例性的假期（春節、春假、黃金週假期等）。企業可以主動與員工協商調整上班與休假時間，以達成公司運作效益最佳化，例如：員工放假與收假日期相互錯開，以使公司產能持續不間斷。而配合假日上班除法定加班費以外，可給予可與連續假期接續的補休，以鼓勵員工：努力工作、也盡情休息！

三、落實代理人與工作備援

企業的經營一定要依法落實勞工法令，只要是依法合理的請

假，千萬不要讓員工覺得請假變成一種壓力。透過主動規劃和關心員工的方式提升效率與請假的可控性，並且應該落實每一項工作都有人可以代理及備援，避免因為特定人請假而使工作中斷。

◢ 新技術、新思維讓企業更有競爭力！

事實上，今天的企業經營已經面臨許多新觀念的衝擊，尤其是新的協作方式將成為企業競爭力的關鍵，例如：因為網路與行動通訊的普及，許多企業允許員工在家工作，只要資訊安全防護能夠落實，此舉不僅大幅度降低企業的營業費用（辦公室空間、行政管理費用等），更能讓員工兼顧家庭、減少通勤支出而大幅提升員工留任的意願，甚至吸引更多潛在的人才加入。

另外一方面，也有許多企業採取人力派遣＋專案協作的方式開發新產品，或鼓勵員工內部創業，將專案外包由這些員工承攬，這使得過去固定朝九晚五的上班方式與心態也隨之改變，企業的整體效能也大幅提升。這也說明了企業面對快速變化的技術與思維的變革，唯有不斷地調整自己的想法與作法，才能夠與時俱進而保持最佳的競爭能力！

高薪挖角、如何避免挖到雷？

◢ 文化適應與工作實力、哪一個問題是關鍵？

　　Daniel：「Anita 你是否可以再跟 Kevin 聊看看？我真的覺得他還不錯，無論是學歷或是資歷都很好，特別是他曾經在 A 公司這樣的跨國企業服務過，對我們而言是不可多得的好手啊！」

　　Anita：「Daniel，我知道 Kevin 的履歷很漂亮，但我的擔心正是因為他這麼棒的資歷，為什麼願意屈就在我們這樣的中小企業呢？而且他在短短幾年之間換了好幾份不同的工作。另外一方面，他所提出的薪資要求遠比同職級的主管高了許多，我們除了要取得老闆的支持，也要考慮一下其他人的感受應該如何平衡。我真的覺得我們要謹慎地評估一下再做決定。」

　　Daniel：「我知道他期望的薪水是比較高，但如果我們能夠找到好的人才，帶領團隊很快地幫公司在新事業上創造出成果，我相信老闆一定也會支持的。至於怎麼跟其他主管取得平衡，那就只能仰賴你們 HR 的智慧了。」

　　Anita：「欸你可不要把這事情賴到我身上喔～我話先說在前面，如果你找到的是一個人才，如你所願的把事做好了，我恭喜你；但若不能如你所願，薪水又這麼高，那可是請神容易送神難喔～我可是擔不起這個責任啊！」

◢ 漂亮的履歷等同實力嗎？三個方法讓你降低風險！

我相信每一位主管應該都曾經有過相同的疑問及類似的困擾：找到一位擁有漂亮履歷的應徵者，但卻擔心「小廟容不下大佛」，或是要求待遇明顯高於現有公司的平均水準，而不得不忍痛放棄這位應徵者。

一般而言，這樣的情況不會發生在招募基層員工的情況，而是多數會發生在聘用中高階技術或管理主管的時候，所以一旦選用錯誤，不只是浪費一個 headcount，更有可能造成一個團隊或是一項新的計畫受到拖累。也因此，我們在期待「遠來的和尚會念經」的同時，實在不能不小心謹慎地做好選才的工作。

從履歷和面試就要賭上用人的成敗，這是非常高風險的一種嘗試，尤其是面試與過濾的工作，不應該只授權任用單位的直屬主管決定，建議參考下列幾個原則，可以降低用錯人的可能。

一、跨部門審查機制（cross function committee）

對於特殊的職位或是層級較高的主管職缺，建議除了 HR 及用人單位以外，可以邀請跨部門的主管參與面試，或進行資格的審查，充分地發現應徵者在各種不同面向的優缺點。

二、經歷諮詢（experience reference）

應徵者需提供前任或曾任職公司可供諮詢的主管或同事資

訊，以供 HR 進行經歷與工作狀況的查核，確保所述資歷無誤，並可同時確認其職場倫理與同儕互動狀況。

三、推薦人機制（recommended）

對應徵者強調其應聘工作的重要性，要求需要推薦人給予推薦，並確實進行與推薦人確認的工作。除了確保應徵者的能力與期待相符，相對也可以強化給予應聘者較優報酬的合理性。

◢ 「契約聘用制」讓勞資雙方確保雙贏

除了前述的三個原則可降低用錯人的風險以外，許多時候勞資雙方仍無法順利締結共識，主要原因多數是卡在薪資的問題上。

因為除了聘僱方會有疑慮，相對的受聘者也會擔心自己是否能夠適應與融入新的組織，另一方面聘僱方會擔心，一旦高薪聘用卻不如自己預期，新人會變成公司一個高成本的負擔；而受聘方則會在意，如果降價以求會壞了自己的行情，日後也很難要求老闆大幅調薪。因此、在這樣的狀況下，可以嘗試使用「契約聘用制」來降低彼此的風險與困擾。

勞資雙方簽訂以 1 年或特定時間的聘僱契約，約滿時雙方均可選擇是否續約，或是由契約方式轉為一般聘用。如此，不但可以降低雙方的疑慮與擔心，也可以讓雙方有機會因為更了解彼此，而產生更棒的勞資合作關係。

　　總結而言，高薪挖角或是聘用一位與組織缺乏情感連結的新主管，本身就具備比較高的風險。無論企業或是這位新聘主管的上司，都必須採取較為嚴謹的態度進行篩選和評估，千萬不能衝動行事，或是輕忽這個聘用對於既有組織的影響。唯有慎選，並且採取相對應的輔助措施，才能夠既引進優秀的新人才，同時也讓現有的組織持續發揮戰力，得到雙贏的結果。

員工薪資真是祕密嗎？

◢ 引進新血 vs 留住關鍵人才　孰輕孰重？

Ken：「欸，你聽說了嗎？老闆剛從外商挖角來的 Jack 年薪超過 2M 耶！」。

Oliver：「啊又能怎樣？要不然你也跳槽啊！誰叫我們當初那麼菜，進來面試的時候也沒打聽清楚，傻傻地～老闆開個略高於行情的薪水、就喜孜孜的來報到了，照公司每年的基本調薪幅度，你我再拚幾年也拿不到這樣的年薪啦！」

Ken：「我看那個 Jack 也沒多厲害啊！只不過是運氣比較好，先去外商混了 2 年，我不覺得自己比他差到哪裡去，為什麼要甘願在這裡領這麼低的薪水？還不如我們也來人力銀行找找看有沒有機會。」

Oliver：「好啊～你不要用公司的電腦找喔！要不然被 HR 發現會很麻煩喔！如果有好的機會，我們再一起去試試！」

許多企業都規定員工薪資為保密資訊，不得洩漏或討論，但多數主管應該也都清楚，這樣的規定是無法讓員工薪資完全保密的。

因此，當我們在進用新人時，必然會有的困境就是：既要能夠吸引優秀的新血加入、又要能夠維持組織的生態平衡，避免因

為薪資差異過大而造成資源排擠，或是反而激發既有員工的不滿而離職。尤其，透過獵頭或是挖角方式聘用特定職位的工作，更容易變成原有組織當中的關注焦點。

因為進用的方式比較特殊，很容易就會誘發組織中其他成員的好奇與討論；如果沒有妥善的溝通與處理，很容易會有似是而非的謠言，或是資訊不完整的臆測。如此一來反而會讓新進同仁變成組織中的異數、不易融入組織，也使得預期的加分效應被稀釋，甚至是造成反效果。

◢ 高薪聘用新血，也不能忽略關鍵人才留任

企業為什麼會需要高薪挖角？常見的原因有兩種可能：

- 一是因為發展新事業，需要特殊能力或經驗，但在既有組織中無人能勝任。
- 二是關鍵人才離職，但卻無法以原有的條件找到合適的人接手。

如果是前者，高薪挖角或許不會對既有組織有太大的影響；但若是後者，則必須思考：為什麼會落入這樣的困境中？為什麼不能留住關鍵的人才，而需要在人才流失後才花更大的代價去挖角呢？

其實，即使是高薪挖角，也無法保證一定能夠達到原有的期望。因此，企業該如何設法留任既有的優秀人才，應該是一個重要的課題，但卻鮮少有企業真正認真地重視與落實。

就如同阿里巴巴創辦人馬雲所說：「員工離職的兩個關鍵原因，一是錢沒給到位，二是心受委屈了。」然而，正因為錢沒給到位，所以心才會覺得受委屈！

所以，千萬不要等到員工提出離職了，才想要提出留任的建議和給予額外的調薪，如果真的是關鍵的人才，主管應該主動關心與評估：在什麼時候、什麼原則之下，主動提升員工與公司的黏著度。

❖ 多元化的激勵 ── 留任關鍵人才 ❖

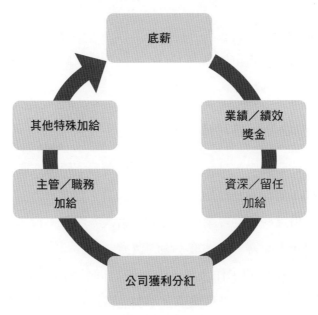

◢ 留人留心、共創雙贏的三個方法

我自己的經驗是：一個好用的關鍵人才，可以勝過兩個或更多的同職級人力；但若是用錯一個人，卻有可能為主管帶來許多困擾，甚至降低組織的效率。

因此，當我們發現組織中有表現特別突出，或是態度積極、願意多學多做的員工，我們應該及時地給予較多的機會，讓他可以發揮及有所表現。因為這樣的機會，除了可以讓這類型的員工在升遷上獲得較大的能見度之外，也可以在工作上得到比較大的成就感。

而讓員工有機會表現、得到升遷以外，要發展關鍵的人才及主動留住他們，也可以參考下列的三個作法，除了留人，也應該可發揮留心的效果：

一、公司補助培養技能、在職進修

現代的職場中，越來越多的專業是透過不斷的在職進修來獲取，例如：雲端服務應用、網路架構設計、ISO 認證、新的程式語言等。但這些新的專業與工具的學習大多所費不貲，對多數年輕的職場新人而言，是一筆不輕的負擔。

如果公司依照工作表現，對於優秀同仁給予全額或部分補助，鼓勵員工受訓並考取證照，不但能激勵員工努力工作爭取機會，更能因此提升企業員工的能力與學習意願。

　　當然，這樣的鼓勵方案要謹慎且公平地操作，不可濫用，避免變成以主管的喜好來指派或是輪流分配，而造成資源浪費；或得到補助的不是最適當的員工，反倒會讓大家覺得不公平而造成反效果。

二、階段性專案任務指派

　　針對企業內具有關鍵能力值得培養的人才，可以藉由指派一些階段性或是特別的專案任務給予歷練。例如：指派關鍵人才擔任專案的協同主持人，帶領跨部門專案小組執行新計畫。這樣的任務指派，除了可以觀察及培養人才的領導能力，也可以利用這樣的臨時性指派給予如「結案獎金」、「專案加給」等名目的實質鼓勵，達到額外給予激勵以留任人才的目的。

三、重要關鍵人才「留任契約」

　　如果組織中有些人已經發展成為重要的關鍵人才，例如：擔任重要的工作、且目前找不到其他人可以替代；或是擔任重大專案的核心工作，若是出缺將對專案產生重大影響等，主管應該未雨綢繆，不能夠因為事情尚未發生，就賭他不會提出離職，可以採取給予「留任契約」，以確保風險能夠被控制。而與關鍵人才簽訂留任契約可採 1 年或 2 年一簽的方式，確保未來 1 至 2 年關鍵人才不會流失，滿期即給付額外的一筆簽約金。

　　因為並非併入每個月的薪資，所以不易形成與其他人薪資的明顯落差，同時因為是契約滿期才支付，且可以依企業的需要

與同仁的意願持續續約,可以確保人才留任的可靠性。當然,最終人才如果與公司的發展逐步形成共識,也可能將原有的留任契約變成薪資或是紅利的一部分,而人才與企業終將獲致雙贏的結局。

總而言之,企業應該以人為核心去思考發展的策略,因為沒有好的人才,即使有再好的想法,都難以發揮出最好的成效。讓人才願意留下為企業努力付出是主管不可或缺的能力與責任,切勿只是不斷在市場挖角,而忽略了自家人才的培育與留任。

白目的年輕人、打破了辦公室的潛規則！

◢ 新世代不在乎人情世故、卻很在乎老闆的態度！

會議室裡，Alicia 和團隊成員熱烈地討論著……Kelly 突然推門進來，一臉詫異：「你們有借這個會議室嗎？我好像有請助理登記使用喔！」

面對 Kelly 突然打斷會議，Alicia 一臉茫然：「不會吧，您助理可能弄錯了，這個會議室我有上系統登記使用，應該不會錯。」

眼見 Kelly 臉色一沉，當場拿出手機撥給助理，目光一邊環視著會議室裡所有人，似乎在說：這些年輕人，不知道我是誰嗎？但電話另一端的助理很快給出答覆，原來是弄錯時間了，他的會議是訂在隔天同一時段。掛上電話，Kelly 轉向 Alicia：「你們的會議很重要嗎？能不能暫時中斷？或是利用外面的開放會客區討論呢？」

他沒想到 Alicia 竟然回他：「這會議室是我們依照公司規範預定的，為什麼我們要讓出來？既然是您的助理訂錯時間，為什麼不是您去外面會客區？」這一陣理所當然的質疑，弄得 Kelly 有點尷尬，他沒料到，這群年輕工程師竟然會對他這樣一位高階主管提出質疑，只好悻悻然離開。

誰想，Alicia 一開完會，就接到老闆 Kevin 的電話：「你究竟跟 Kelly 發生了什麼事？為什麼他打電話給副總抱怨我們部門，說我們管理及用人有問題？」

Alicia 於是把來龍去脈說了一遍，本以為 Kevin 會為他據理力爭，沒想到卻被唸了一頓：「你幹嘛那樣嗆他啊？讓他一下不就沒事了？搞得大家都被這個小心眼的主管惡整……。」

之後，Kevin 每次會議上交代的事，Alicia 都會有意無意地唱反調、表達不同意見，兩人的關係越來越糟，Alicia 也不斷跟同事抱怨公司沒制度、老闆沒擔當，最後即使 Kevin 出面慰留，Alicia 還是在幾個月後，跳槽去了新公司。

◢ 新世代的價值觀

許多主管會將自己的價值觀套用在新世代的員工身上。資深的人常會說：「人吃過虧，才懂得人情世故」就是最典型的口頭禪。經過歷練的主管，也總會告誡年輕人要世故一點，講話不要太執拗、做事不要太衝動，要懂得察言觀色。但從年輕人的角度看來，這樣的行為太做作、太矯情、太虛偽。如果要這樣掩飾自己的真實想法，那麼職場不就是一個人治的環境嗎？根本不需要制度與規範了吧！

年輕世代信奉的價值觀，已不再以家庭或學校教育為主，社會的變遷及科技的發達，使得資訊匯流成為形塑年輕世代價值觀的主要力量。而這樣的趨勢有以下幾個特徵：

一、選擇相信很容易，改變想法卻很難

　　新世代的年輕人獲取資訊的方式非常直觀，缺乏深入思考與多面向印證的耐性，眼見為憑、有圖（視訊）有真相。因此，很容易從眾，容易跟隨潮流去追逐所謂的主流意見。但已建立的主觀意識和想法，卻很難輕易改變，特別是老一輩人的想法與經驗，更是很難說服年輕世代接受。

　　因此，不要再迷信權威型領導方式，輩份與權威不一定能讓年輕人買單，而是要能傾聽年輕人的聲音和想法。

二、「短多長空」的價值觀成為常態

　　資訊流的激增、趨勢與環境的快速變遷，讓年輕世代大多對未來充滿不確定感。因此，用「當下」的委曲求全、成就所謂的「未來」，多數年輕人對此興趣缺缺，反而對於眼前立即能實現的事非常在意。所以，在短期利益與長期發展、學習機會之間，若年輕人選擇了前者，其實不需太過意外。

三、缺乏核心價值、信仰與忠誠，喜歡創新與改變

　　前述兩點（缺乏思辨的耐性，對未來不抱太大期待），造就了年輕世代的第三個特質：不會輕易對企業所堅持的核心價值產生信仰。

　　換句話說，不要過度期待年輕世代會輕易對企業產生忠誠，也不要再將口號式或教條式的宣傳套用在年輕員工身上。這不僅無法達成你的目的，反而會得到負面效果。

◢ 如何驅動年輕人的熱情

那麼，該如何帶領年輕人？激發他們的熱情呢？

學習用年輕世代的思維模式，用他們熟悉的方式溝通，包括更有效率的訊息交流（圖文交錯），減少繁文縟節，建構可以講真話的信任關係。先建立起彼此的信任關係，才能開始進行下一個階段：驅動熱情。

以下幾個具體作法，供大家參考：

一、情境式溝通，以身作則

不要畫大餅，更不要給一些虛無縹緲的承諾。凡是答應的事，一定要做到；將要做的事，以清楚的期程與計畫說明。身先士卒、以身作則地去落實。

二、創造「被需要」的感覺

不要以資歷、經驗或是職務差異而有差別待遇，讓年輕世代覺得不被重視。要對每一個團隊成員的價值都予以肯定，讓他們感受到，即使是基礎的角色，也同樣至關重要。讓他們理解每個工作對組織的重要性，讓他們感受到被需要、被肯定的感覺。

三、團隊認同、情感支持

雖然難免會犯錯、會有意見衝突，仍必須讓年輕世代相信組織是公平的、團隊是他最好的後援，而你會是他最能相信的靠

山。就算你會指導他、糾正他，但一定也會包容他，並且為他據理力爭。先認同小團隊，才能激發出年輕世代對大組織的認同感。別讓他們在關鍵時刻感覺得不到你的支持，因為，當他們失去信任，也將不會留戀。

　　總結而言，年輕世代將會是未來企業的主流戰力，作為一個新世代的主管，必須學習如何領導、激發年輕世代的工作潛能。相信只要認真觀察、用心體會，交付主管該提供的協助，年輕世代能發揮的潛力將遠遠超越我們的預期。

新世代人才 ≠ 年輕人 Only ！

◢ 主管想變革，只能做、不能說的用人原則！

Morris 拿起電話劈頭就說：「Kenny 你都接手這個專案幾個禮拜了，為什麼還提不出個具體計畫？客戶已經催我們好幾回了。」

Kenny 回道：「老闆，我要求團隊蒐集比較詳盡的資料，耽誤了一些時間，我們會儘快提出計畫的。」

Morris 不耐煩地說：「光收資料就花這麼多時間？現在網路這麼方便，客戶自己都不知道從網路上看過多少資訊了，你們應該多花一點時間確認客戶的痛點，完善因應的建議方案吧。不要花太多時間鋪陳已經知道的趨勢分析，下週一定要將提案做出來。」

Morris 接著說：「我轉調你來 Pre-sales 團隊之前，你在研發部門待了有沒有超過 10 年啊？我覺得你要調整一下心態和方法，不能繼續用研發人員的思維和節奏做事，你現在的工作要更客戶導向，也要有多一點的急迫感！」

經過老闆一陣訓斥，Kenny 忍不住猜想，1 個多月前的職務調動，難道是老闆想增加自己的工作壓力，如果無法適應就逼退休？畢竟自己有些年紀了、也在研發部待了太久，對於銷售端需

要的新工具，好像已經跟不上年輕的同事了。想到這裡，Kenny
不禁陷入了該不該繼續待在這個部門的掙扎裡。

◢ 給 Kenny 的建議：勇敢擁抱新科技，更要善用新世代！

在數位浪潮帶動下，許多新興商業模式顛覆了我們的想像，
疫情之後原有的市場贏家也難免頹敗，AI、大數據應用等新科技
急速興起，只能說今後唯一不變的趨勢就是「一切將不斷迅速改
變」。

因此，企業的人才與核心競爭能力也必須隨之改變，組織
不再只是透過教育訓練或是功能調整，就能及時建構所需的「應
變能力」。如何善用新世代熟悉數位工具及對於未來趨勢的敏銳
度，幫助自己也融入新的工具中，這是資深經理人未來的關鍵課
題。

所以，無論身處任何一種產業，「逃避」只會加速被淘汰，
而「加入」則是能夠不被浪潮吞噬的唯一選擇。不要因為管理職
的包袱而放棄學習新的工具、思維、態度，只有融入並樂在其
中，才能善用新世代的力量，互相成就彼此。

◢ 給 Morris 的建議：面對新舊世代交替的三大領導原則

在一切終將因為科技和趨勢而改變的現在，組織最欠缺的就
是具備「領導力」的主管，能帶領團隊持續在對的方向上前行。

　　數位科技大幅提升效率、創新應用增加無數可能，但仍難以取代人性的思維和互動，面對新、舊世代交替階段的資深主管們，必須理解下列的幾個只能做卻不能說的原則：

一、別侷限於慣用規則和經驗，也別否定過往的成功

　　勇於嘗試新世代提出的創意與想法，如果對當下的情境有所幫助，就讓新的思維得以實踐，但不必因此否定過去的成功與已經建立的規範，以免打破組織的運作常規。只要讓創新思維有萌芽的機會，這些創新的成功自然會逐漸取代舊有的機制。

二、人才發展必須維持新舊平衡

　　引進不同思維的新血固然重要，但切勿讓組織既有的貢獻者覺得自己被組織忽視，或是被不公平對待。無論企業如何創新與進步、人才如何世代更迭，最終還需仰賴人才對於組織的信賴與忠誠。不能讓組織中的中堅人才，喪失對企業文化的信任與熱情，才有助於推動變革，一起學習與成長。

三、明快地清除阻礙企業變革的人、事、物

　　領導者必須清楚且明快的為組織清除這些障礙，不該受到其他任何因素的牽絆。作為主管必須理解「當斷則斷、不斷反亂」的道理，鄉愿的延宕不做決策、不想當壞人面對衝突，最後形成的組織風暴，還是會纏繞在自己身上。

▲ 給企業用人的提醒：新世代人才，指的不是 「年輕」而已

　　許多人常會以年齡作為評斷新世代人才的標準之一，但這樣的錯覺使得企業付出無謂代價。企業希望晉用更多符合未來需求的「年輕人」，但卻在不知不覺中錯失許多優秀的中堅人才。讓企業中原有的優秀人才，隨著企業的轉型與變革與時俱進，更能使得企業穩健茁壯。

Part 2

中、高階主管一定要懂：
職涯規劃＋業務策略

「斜槓潮流」給企業帶來的挑戰與提醒！

◢ 員工發展自己的職場斜槓、主管該如何看待？

　　Mark 幾個月前在 Facebook 上將員工 Allan 加為好友，也因此常在 FB 上看見他的一些個人動態，他發現 Allan 工作以外的時間還滿活躍，除了參加很多社團以外，也常會在網路上分享一些不同的工作經驗與看法。

　　初期 Mark 還常在 Allan 的貼文上按讚，但隨著 Allan 有越來越多貼文似乎像在嘗試發展第二專長，這使得 Mark 覺得 Allan 好像不太專注於現在的工作，或許他正搭上近年來的流行、開始發展斜槓人生？Mark 認為應該要給 Allan 一點工作壓力，讓他更投入公司的工作，否則這個位子，應該讓給可以全力投入的其他人。

　　但是，員工向外發展斜槓人生，對企業而言就一定是壞事嗎？

◢ 企業應該期待員工貢獻的是什麼？

　　許多企業在經歷過疫情的衝擊後，漸漸開始推動「無固定座位」、「行動辦公室」、「混合式辦公室」等措施，因為企業已經意

識到：即使員工不是每天朝九晚五在自己的眼皮下工作，工作的品質未必就會降低或失控，這段時間給予企業與經理人的最好提醒就是：我們最需要員工貢獻的，是他的熱情與才能，而不只是他的時間。

我們應理解到未來的員工必須要有高度的自主性、積極性以及協作能力，企業亦希望員工更有創意與熱情地貢獻自己的專業能力，因為未來許多高重複性或是庶務性的工作，都將會被數位工具（例如 AI）所取代。因此企業更需要關注的是該如何有效地激勵與促進團隊的合作，並非只是如何去監督員工的工時和非工作時間的活動。

◢ 員工應該發展自己的斜槓人生嗎？

對企業而言，保障員工的受雇權益是法律的規範，也是企業社會責任，然而，終身雇用卻早已不是企業能夠給予員工的承諾。

所以，工作者不斷地學習與精進自己的能力是應該被鼓勵的，所謂的「斜槓人生」不應該狹義地解讀為「對於既有工作的不投入，或是不認真」。若能夠積極地跨出既有的專業範疇，充實自己跨領域的知識與能力，將是一個受雇者長期在職場中保持競爭優勢的不二法門。

就如同一個產品經理應該對於產品的使用體驗、銷售管道，甚至是行銷策略都有所了解，才能夠精準且更有效率地開發出更好的產品。

　　或許企業會擔心這樣的員工會不滿足於現在的工作，甚至增加跳槽或創業的可能，但從人才的態度與能力發展而言，雇主或是團隊的主管，如果能夠用客觀且正面的心態面對員工的斜槓人生，應該能吸引及留住更多優秀的人才。

　　美國有「一輩子平均離職 7 次」一說，根據 1111 人力銀行 2017 年的調查，上班族平均 3.48 年轉職 1 次。經濟成長快速的市場，人才的流動速度也隨之加速，企業本身無法控制或改變外在環境的條件，但可以做的是讓自己在競爭中擁有比其他企業更多吸引人才的優勢。

　　許多企業在激烈的競爭環境中會試著去發展「生態系」，概念上就是透過具有彈性但又能夠互補的方式，更快地吸納更多、更好的合作夥伴，例如：專業人力派遣、高階約聘、期約或專案型顧問等，而這樣的觀念就是以「弱連結」來創造最大的可能，而非執著於「強連結」而使得可能性受到限制。

　　會有越來越多人選擇工作與家庭能夠平衡兼顧的生活，企業也要開始思考如何透過不同方式運用這些人才，將傳統的勞雇關係轉化成「企業與人才之間的夥伴關係」，相信這將為企業的競爭力創造出極大的助益。

選對了賽道、職場人生已成功一半！

◢ 成功企業經理人、有三個共通的特質 ！

三位好久不見的老同學碰面，一邊啜飲著威士忌、一邊聊著過往求學時的趣事和畢業十幾年來的經歷。Mike 先說了他自己：「真的很後悔當初沒聽 Ken 的話，如果一起去創業，今天應該會更棒！不像現在我只能窩在這個小公司，當個不大不小的主管，真是羨慕你們啊。」

Ken 接著 Mike 的話：「你是身在福中不知福啊！你們公司雖然沒有上市，但也不算小，而且你是老闆最器重、最依賴的左右手，一人之下所有人之上。領一份不錯的薪水和福利，又不用承擔經營公司的風險和壓力，應該要知足了啦！雖然你們看我創業當老闆好像很風光，但是前幾年什麼都沒有、什麼都不懂，到處借錢，還回去跟家裡周轉了好多次。老闆真不是人做的工作，就算現在看起不錯，也必須不斷地拚、一刻都鬆懈不得，很辛苦的！」

Morgan 也說了：「我知道家裡沒能力資助我創業，但又不想只圖一份溫飽、找個穩定的工作，所以也是擠破頭才進了大型外商公司從實習生做起。有賴跨國企業的制度健全，給了我非常好

的學習和歷練，加上產品和品牌的強勢市佔率，有機會接觸到厲害的客戶，還能和這麼多優秀的同事一起工作多年，累積成自己最好的人脈和經歷，才有新創公司來找我加入當合夥人，比較沒有壓力地參與創業！」

三人一致的共識就是：「**人生像是不斷做抉擇的旅行，當下的選擇沒有絕對的好壞，端看你是否夠努力、並不斷地磨練自己，並持續做出正確的判斷。**」

◢ 成功經理人的職涯，沒有可複製的模型、但有共通的特質

30 年前我剛加入職場的時候，一流的人才出國留學、二流的人才通過國家考試捧鐵飯碗，其他人才進入中小型企業打拼。經過幾年後我發現：人才搶著進科學園區的高科技產業，到了最近 10 年、除了半導體相關的企業持續磁吸人才以外，也開始有許多年輕人主動投入新創，因而得到創投公司或國際大廠的青睞而成功。

這 30 年來的產業結構翻轉，也正反映了職涯選擇的重要性，一個人的職涯能否順勢而起，最重要的因素是在關鍵時刻選擇對的趨勢、並且跟進投入。如同企業必須抓準市場需求而滿足客戶一樣，一定要持續創新、成長和進步，否則只能靜待被市場淘汰。

所以，我的看法是成功的專業經理人沒有固定的職涯模式可以套用，但有該具備共通的特質：

一、具備特定的專業能力

原有的專業背景可能是：研發、財務、或企管等，但不會被原有的專業限制，願意跨領域學習其他專業。

二、對職場發展的探索充滿熱情

不會留戀安逸或甘於平淡、選擇待在安全的舒適圈，對產業趨勢與科技發展會保持關注，追求嘗試新的可能。

三、包容多元文化

對於和自己性格或專業不同的人、事、物，都能展現真誠的理解與接納，本身具備多元發展的最大可能。

從許多成功的企業家身上，都能觀察到上述特質，例如：知名科技大廠力晶科技董事長黃崇仁，原本是一位知名腦神經科醫師，也於台北醫學大學任教，卻在 38 歲時放棄原有醫師工作及教職，轉向從商，陸續創立許多公司，獲得很大的成功。

另一個例子是曾長期位居台灣股王的大立光，執行長林恩平原本是小兒科醫師，因家族企業需要而臨危受命出任大立光的掌舵者，帶領公司突破困境、成功轉型成為高獲利的股王。

◢ 步入職場的初期賽道，決定了未來的格局

除了加入家族企業或自行創業，多數經理人在加入職場的初期，其實就已決定未來的格局，如果有幸加入一個經營理念卓越、產品居於市場龍頭，或是技術與創新能力領先同業的企業，就有機會在企業具有優勢之處領先同儕。更重要的是：如果你加入的產業類別正在蓬勃發展、爆發成長，你的職涯發展就會比其他人多出更多機會，因此提升自己的視野、擴大職場的發展。

反之，若所選的職涯賽道處於成長緩慢或衰退狀態，則能得到的歷練機會和實質的收穫，就會相對較少或受到限制。因此，初入職場不要甘於棲身在熟悉的舒適環境，要不斷地審時度勢、尋找最適合自己且能夠順勢突破的職場機會。只有強烈的企圖心和改變自己的努力，才是邁向一個成功經理人的不變方程式。

不必羨慕別人為什麼年紀比你輕、學歷沒你好，卻能在知名的企業擔綱重任，或展現出超乎你預期的眼光與格局，背後原因不是他天生比你優秀，而是他知道如何在後天環境中找到形塑自己的最佳場域。正如一個俗諺所述：「豬圈難養千里馬、花盆難栽萬年松」，我們要成就自己，就必須選擇對的戰場、勇於接受挑戰才能夠真正成長，千萬不要貪圖安逸又莫名地羨慕別人的成就。

職場中哪些人不可信？哪些人可以當朋友？

◢ 五種常見的同事類型、教你如何辨別敵友！

Amanda 和 Diana 坐在員工休憩區悄聲地說：「欸～我老闆說你們單位新來的那位技術副理，是從公司主要競爭對手那兒挖過來的。那個副理說，因為你們家經理 David 技術不怎麼樣，過去公司的產品才會一直落後其他公司。」

Diana 驚訝地回道：「真的啊～他那天還參加我們部門專案 Kick-off meeting，還直誇我們家 David 是他認識最棒的研發主管耶！」「看不出來他是那種口蜜腹劍的小人欸！」

Amanda 又接著說：「聽說他剛來報到的時候就跟老闆爭取過，希望直接取代 David 代理部門的主管。只是老闆還不太確定他的能力，說要再觀察一段時間才作罷」。

Diana 聽到瞠目結舌、不敢相信新加入的技術副理是這樣的人，更令他擔心的是 David 竟然一點警覺都沒有，不禁開始擔憂 David 萬一哪一天被幹掉而不自知，那他跟著 David 那麼多年，會不會也遭受池魚之殃呢？該不該提醒 David 這件事情呢？

◢ 職場就是一個小社會，防人之心不可無

人在職場就好比身在官場，多數時候並非有能力就會有好的發展，不管我們喜不喜歡，職場政治問題總會是我們擺脫不了的一個重要課題。

因為，當有人際之間的互動、就難免會有「一拍即合」或「意見相左」的各種可能，而當你必須與一群人合作，那麼存在於彼此之間的「認同」、「不認同」，也會產生錯綜複雜的「利益糾葛」或是「資源分配」的衝突，要想「自掃門前雪」或是「獨善其身」真的是難上加難。

想要在職場中倖存，除了必須清楚自己老闆的個性，更要弄清楚自己與同儕間的「相對位置」。更具體地說：你不去得罪人、也無法阻止其他人來排擠你，該如何在職場中找出最適合自己的處世之道，是身為主管非常關鍵的工作。不論你的能力如何，「政治智慧」絕對是主管職涯中的必修學分。

在歷史上有許多知名的人物，可以作為職場識人的參考，這些歷史人物不盡然都是值得學習的榜樣，但卻可作為我們觀察身邊的人、和檢視自己習性與缺點的參考，想一想該如何與這些同儕相處，又或是該如何修正自己的做事方法。

◢ 你的同事有下列幾種人嗎？

王安石型：正直的工作狂，固執難變通

這種類型的人自幼聰穎，工作起來非常地拚命，對於周遭一切需要改革的事物，會不顧一切的去挑戰，克服阻力以完成自己的想法，甚至會為了工作上的事情，與最要好的朋友反目成仇，可以說是一個標準的「工作狂」！

這樣的人一定比較受到老闆的喜愛，但老闆越是鼓勵他、他就會越變本加厲，還會經常「越俎代庖」，讓老闆逐漸感到不滿。最麻煩的是：這類型的人很固執，不會輕易改變自己的想法，即使自己知道理虧，寧可鬧彆扭也絕不妥協。

假如你在職場遇到「安石哥」，別在他的堅持上面浪費時間，善用他的才華與正直即可。

封德彝型：口才絕佳，缺乏實務經驗

這種類型的人天生口才好，推理能力優異，外在條件不錯，但缺乏實務經驗，所以，他會一直尋尋覓覓一個可以「出意見」、但不必負責任的位置，也會不斷的讓同儕為了他所提的意見產生矛盾，藉機突顯自己的聰明才智，又讓其他人很難質疑他的存在。

老闆也總是會偏愛這樣的人，但時間久了，如果他不能加強實務能力，擔起必要的責任，終究會被人「看破手腳」，或是覺

得自己缺乏同儕認同。人不能總想「柿子挑軟的吃」，沒有一番嚴酷的歷練，是很難成大器的。

劉伯溫型：苦幹實幹，缺乏溝通

這種類型的人是吃苦耐勞的典範。不懂得跟老闆爭取，每天苦幹實幹到了最後被人做掉，還念念不忘要幫忙把未完成的工作交接清楚！真是有點悲劇性格，因為這樣的人只懂得實務性的工作，又頗為多才多藝，屬於「便宜又好用」的類型。但因為不會討老闆歡心，也不擅長與同僚交際，最後就是：做得越多、得罪的人也越多。

像劉伯溫型這種人，老闆總會一再交付艱難的工作給你，但不見得會給你任何好處，偶爾賞你一些甜頭，你就會堅守崗位繼續奮戰。你應該學會的事：現在是競爭又強調溝通與包裝的時代，對於工作中應該據理力爭的事，別再客氣、就適時地反應吧！多做一些溝通，別再攬一堆工作回家了！

年羹堯型：時勢造英雄，難免膨脹自大

這種人屬於「時勢造英雄」，看似樣樣精通，塑造不少豐功偉業，但只是因為搭上了順風車。這樣的人常會「目空一切」、除了老闆，其他人都不看在眼裡，反正「一將功成萬骨枯」，本來就是歷史的常態！在職場中遇到「年大哥」這種類型的同儕，記得千萬要躲遠一點。

如果你的部屬是如此，卻被賦予極大的權力，最終都會捅出大簍子，而如果自己也有這樣性格，千萬要認清、別被「自大」這個致命點害了你。

紀曉嵐型：情商高，看起來玩世不恭

這種人 EQ 較高，具備幽默感及協調性，即便心中有許多原則，也願意耐心溝通。他懂得入世修行就得忍受五味雜陳，沒什麼性格潔癖，適時的自我解嘲或是帶一點點「阿 Q」的性格，也幫助他生存於紅塵俗世。和這樣的同儕合作，請理解他的「玩世不恭」並非是不認真、輕忽工作。

對於老闆而言，和這種人合作最好的方式是給予獨立思考和主導任務的責任，如果是他的同事，不妨抱著彼此交流切磋的心態，他會是令人放心又可以合作的對象。

◢ 職場難免有政治，謹守分際、交出成果最重要

綜合以上幾種類型，我們可以發現「謹守分際」，是因應辦公室政治的基本原則。無論你的能力強弱，如何做到「兼善」而不踰矩，是一門要經過歷練的學問。更重要的是，在職場上必須「有所作為」，否則，有良好的人際關係、卻沒有應該有的績效，最終還是難逃被淘汰的命運。

讓基層主管敢 Fire 不適任的人！

◢ 建立共享型的儲備資源、別讓冗員浪費資源！

Mark 坐在座位上專注地盯著手機螢幕、雙手不斷迅速移動點擊，渾然不覺身後有人正在看著……幾分鐘後，他的手機突然響起來電音樂、接起來聽到主管 Alex 說道：「你已經打到第幾關了呀？要不要把剛剛拿到的寶物賣給我啊？」。

Mark 嚇得以顫抖的聲音回說：「老闆……不好意思啦！我剛剛是在等客戶的電話，所以玩了一會兒手遊打發時間，我馬上出門去客戶那兒談訂單，下班前立刻跟你回報！」說完急忙掛上電話，奪門而出。

Alex 雖然氣得牙癢癢，但卻沒有什麼具體的辦法可以立刻下手。除了開會盯業績、檢討拜訪進度、檢視業務對客戶的提案簡報與報價，真的也不知道還能再做些什麼。

看一看自己的團隊，真的能夠上手的就這麼幾個業務，如果再把 Mark 盯到爆、逼到不爽，可能又是提出辭呈走人，那結果是自己會更累。即使 Mark 的業績也不太好，但至少還不是整個團隊最差的，想想還是算了，再給他一些時間，看看能不能有點起色。

◢ 缺乏驅動團隊的資源，是基層主管普遍的困擾

多數的基層主管為什麼會囿於現況，而不知該如何驅動組織成員呢？最大的成因，是由於資源無法靈活調度；其二則是因為缺乏經驗與方法，不知該採取哪些措施才會有效，深怕用錯方法反而會造成更大的問題。

因此，即使現況不佳，卻也只能走一步算一步的拖著。如果企業對這樣的情況坐視不管，不但不會改善，甚至會因為主管的不作為，而使得團隊的紀律與士氣同步受到影響，最後，是企業或整個組織要為這個情況付出更高的代價。

所以，作為企業的中、高階主管，必須隨時關注所轄每一團隊的狀況。例如：特定的同仁績效不佳，基層主管卻遲遲未見採取有效的改善作為；或是連續性考績屬於末段，卻未見任何處理；甚至是團隊發生多項問題，而仍未能有效地解決等，應該立即了解情況，並給予及時的指導與支援。

因為，基層的主管就是整個企業落實組織效能的關鍵，如果不能及時給予必要的協助，損失的不僅只是這一個基層單位。缺乏對基層主管的支持與培養，絕不會是一個局部性的問題而已。

◢ 建立儲備資源機制、協助基層即時除錯！

如前述，基層組織因為資源有限，因此一個小變動就會造成很大的影響。例如：一個只有五位業務的基層單位，如果有一位

業務離職，就會減損 20% 的生產力。如果再加上業務離職後不能及時遞補招聘，或是遞補人員需要時間進入狀況才能接手的種種變數和考量，就會造成業務主管不敢、也不願意輕易啟動汰換人員的念頭。

若真是有不適任的人員，要靠基層主管能主動斷然決策，不怕老闆為省錢突然遇缺不補、或是將空缺挪給其他單位，而能及時有效地處理問題，坦白說，真的是高估基層業務主管了！

如果從整個業務部門的角度思考，同樣的問題不僅只是一個業務單位會遇到，而是每個基層的單位都可能會有類似的狀況。可以從整個業務組織的人才儲備著手，從根本上為基層業務主管克服這樣的障礙與困難。

例如一個具體的方法是：在一個設有不同部門的大型業務團隊（處級或事業群），除了依照產業或是區域劃分成立不同的業務部門以外，也可以設置一個「業務儲備部門」（rookie sales team），動態地儲備在整個處級單位之下，維持此一部門佔整體業務人力的 5 ～ 10%，並以維繫既有客戶關係及支援前端業務部門為主要職責。

當有任何一個前端業務部門有業務離職，即可優先從此單位選派適合的人選遞補。如此，既可讓前端業務專注於新客戶開發，將比較庶務性質的工作降低負載，同時也可以保持客情維護、提升服務品質，更可以徹底解決基層單位因資源不足，而不敢輕易做人員淘汰的問題，也減少因招聘周期太長所形成的人力短缺。

若是在非業務單位，也可以循類似的模式，以「儲備幹部」的計畫培養人才庫，讓各個部門不會因為資源調度的考量，而讓組織中劣幣驅逐良幣的情況一再發生。

◢「越級式主管培育」可提升策略思維的能力

企業轉型中所需要的「進化型組織」，最關鍵的元素之一就是基層主管的改變！我們必須讓基層主管從過去的慣性中跳脫，並且能夠具備更積極且全面性的策略思維。

因此，過去總以為基層主管所需要的就是基礎的管理技巧強化，例如：面試技巧、績效改善計畫（performance improvement plan）等訓練，但其實在面對未來急速變化的轉型過程時，每一個基層的單位，可能就是轉型構想的起源、甚至是影響成敗的關鍵。所以，我們要能提前培養基層主管的宏觀視野，給予足夠的「領導思維」建構，才能促成組織的快速轉型與高速成長。

對於組織中每個層級的主管，都應有提升層次的培訓，而不是只停留在當前的需求進行訓練。

例如：擔任部級主管，就應該指派給予處級主管常態性需要具備的能力訓練，如此才能讓組織的人才與接班銜接不至於落後，同時也會讓策略性的思維自然地向上提升。這就是「越級式主管培育」方法，對於長期提升組織的人才素質，會有非常明顯的助益。

　　綜合而言，進化型組織是企業轉型成功與否的關鍵，而主管是否能夠持續精進與自我成長，則是進化型組織是否成熟的最重要指標。

誰真正掌握客戶的關係、誰就能成為不倒翁！

◢ 主管別只會盯著業務、更要維繫關鍵的客情！

週末前的午後時分，Alex 突然接到客戶的 mail，信中提到：「很抱歉，我們原訂在下週正式發出的訂單，因為公司高層仍有疑慮，將會暫時取消下單，並再透過採購部門另行通知各家廠商前來議價⋯⋯。」這一封信，讓這個月早已預估妥當的銷售業績出現極大缺口，Alex 只好立刻拿起電話，聯絡所屬業務人員開會討論應對方案。

Alex 先是檢視目前在業務提供的「業績預估」(revenue forecast)，是否已經將這一訂單的部分金額估計進來，接著開啟電腦檢查助理彙總的「商機進度檢視總表」(pipeline review table)，試著找出最有可能推動提前成交的機會，並想著待會兒要針對哪幾位業務給予什麼具體的指示。

另一方面，Alex 也發出幾封 mail 給取消下單的客戶承辦窗口及高層，針對他們的通知表達尊重和理解，並重申自己公司過去長期與該客戶合作愉快且有良好的交易紀錄，也表達仍願意積極參與新一輪的採購議價。信中，Alex 不僅強調他對於公司報價競爭力的信心，也再次說明產品的品質與功能是客戶的最佳選擇。

一連串的緊急應變完成後，雖然危機尚未解除，但 Alex 心裡稍微踏實了一點，也比較冷靜地開始模擬及考量如果無法完全 cover 這個缺口，那在接下來的時間裡，該用什麼方法來追趕……。

◢ 業務主管必須經歷的試煉

其實要成為一個優秀的業務主管，必要的條件之一就是：高抗壓力、強烈的企圖心！無論面對如何艱難的挑戰都不能自亂陣腳，也不應輕言放棄。

因為業務性質的工作，本身就充滿了變動與不確定性，會有許許多多的突發情況必須處理，如果業務主管自己就缺乏冷靜面對挑戰的穩定性，就會很容易因為錯誤的應對措施，造成團隊的方向錯誤而徒增虛耗。

根據實務經驗的觀察，業務主管並非一定由業務人員晉升來擔任，許多優秀的業務主管可能來自於：售前支援、產品部門、技術服務，甚至是研發單位轉調擔任。如果僅是熟悉市場，或想藉由引用一套模式來做好業務管理，絕對不足以因應實際工作千變萬化的挑戰。而下列三種挑戰，將會是業務主管必要的學習歷程：

一、突發性的業績滑落或預估失準

再嚴謹的管理與積極銷售，都無法百分之百保證不會被突發事件、天災人禍所影響。為了不讓努力許久的成果，在即將收穫

的前夕突然生變,每一位好的業務主管,都該有以下幾項工作要件必須隨時準備:

- **因應不同狀況的「應變計畫」**:尤其是針對特別重要的大客戶、進行中的大型專案,或是關鍵的供應商及合作夥伴的備援等。

- **確實做好「滾動式商機更新管理」機制**:無論哪種業務模式,都需要確實做好預估的工作,才能充分為銷售做好應有的準備,而精準的銷售預估絕對是來自有紀律的商機更新與管理,特別是前端的銷售人員能夠「即時」且「確實」的將商機資訊更新出來,後端的管理與後勤支援才能夠真正發揮資源整合的成效。當然,在遭遇突發狀況的時候,也才能快速調整資源調度、迅速找出可以調整的方向。

- **持續不間斷的客情維繫**:作為一位盡職的業務主管,必須是基層業務的最佳後援,透過自己的職務優勢補強業務的不足、或無法自行維繫的客戶關係,並且協助業務保持與客戶不同層級的互動,如此才能真正做到確實掌握客情,以因應突發狀況的衝擊。

二、無預警的業務人員離職

擔任主管就一定會遇到「人」的管理問題,雖然人員流動是一種常態,但業務主管需要留意的是:業績好的業務突然提出辭職,尤其是好幾個業績突出的下屬同時提出辭職。

　　因此，一個好的業務主管必須經常檢視自己的團隊是否存在著發生這種情況的風險？需要思考的問題是：為什麼業績做得好卻想離開？為什麼會同時或短期間有業務陸續提出辭呈的情形發生？以下幾個關鍵我們必須隨時關注：

- 團隊中是否存在著明顯的勞逸不均？或是表現優異卻薪酬偏低的現象？
- 主要的業績來源是否有過度集中於單一或特定業務的情況？
- 組織的流程是否過於繁瑣？業務的獎金制度是否落後於同業？

　　綜觀前述的幾個關鍵，業務主管必須持續地檢視與修正自己團隊的運作，並且隨時機動調整團隊分工，強化客戶分群負責的管理，適時晉升表現優秀的同仁，並透過即時的溝通調整作業支援與激勵措施。這樣才能防範及避免人員突然流動的挑戰。

三、誰真正掌握客戶？

　　許多業務主管會有一些似是而非的錯誤認知，例如：A 業務人員已經負責某大客戶很久了，和客戶關係良好也熟悉狀況，所以不能、也不應該輕易更換業務。這樣的作法看似有道理，但如果這個業務同仁離職了，那要怎麼辦？

　　因此，客戶需要多管道經營客情，業務人員也要多領域、多元化客戶關係的培育，若真需要讓同仁在特定領域或客戶深耕，就要同步建立備援的機制，以免風險無法控管。

　　而且業務團隊所有的客戶資訊要能成為資源分配的依據，成交機率高、對公司貢獻值大的客戶優先投入人力跟進，因此，在實務上應該要落實「商機管理」（Sales Leads Management）和「客情分析」（Pipeline Management），而以下兩張追蹤表單即為範例。

　　同理印證，業務主管的養成過程也是相同道理，一個好的業務主管必須能因應不同領域的磨練，不應只能負責某個特定性質的業務團隊，當公司提出職務調動的時候，業務主管應該積極且勇於接受不同的挑戰。唯有隨時隨地準備好投入全新戰場，這樣的健全心態與充滿鬥志的熱情，一定可以幫助你成為一個戰無不勝的業務戰將！

❖ 客戶開發進度 ❖

客戶名稱：	案件來源：□ 展覽活動＿＿＿展　□ Partner＿＿＿公司 □ 官網／網路廣告　□ 研討會＿＿＿ □ Solution Day＿＿＿　□ 其他＿＿＿	
負責業務：	客戶需求概述：	
初訪日期： ＿＿／＿＿／＿＿	初訪方式：□電訪　□親訪 　　　　　□偕同夥伴拜訪　□其他	資訊更新日期： ＿＿／＿＿／＿＿
客戶基本資訊／ 機會潛力	客戶基本資訊：□政府機關　　□國營事業 　　　　　　　□上市、櫃公司　□未公開發行 　　　　　　　□其他＿＿＿ 成立時間：＿＿／＿＿／＿＿　資本額：＿＿＿＿ 過去 3 年營業狀況：□獲利　□虧損　□不詳 業務搜集資訊說明： Support requirement：	
複訪日期： ＿＿／＿＿／＿＿	初訪方式：□電訪　□親訪 　　　　　□偕同夥伴拜訪　□其他	資訊更新日期： ＿＿／＿＿／＿＿
跟進資訊及進度 說明	客戶具體需求確認： 客戶是否編列預算？□不詳　□尚未編列　□已編列 $＿＿＿　自＿＿＿年度～＿＿＿年度 是否有其他競爭對手？□不詳　□無　□有 ＿＿＿＿＿＿公司＿＿＿＿＿＿＿解決方案 其他搜集資訊說明 & Support requirement：	
再訪日期： ＿＿／＿＿／＿＿	初訪方式：□電訪　□親訪 　　　　　□偕同夥伴拜訪　□其他	資訊更新日期： ＿＿／＿＿／＿＿
跟進資訊及進度 說明	預估銷售成交金額：$＿＿＿＿＿＿ 預估進行 Proposal/Quotation：＿＿／＿＿／＿＿ 其他搜集資訊說明 & Support requirement：	

❖ 客戶需求說明 ❖

Account sales：_____ date：_____ 第____次 update	
客戶名稱：	目前進展（可複選）：□ Proposal　　□ POC □ Quotation　□其他：
客戶需求 & 痛點概述： 1. 2. 3. 預算規模：$	解決方案：_____　　主要競爭者：_____ 優勢：　　　　　　　　優勢： 劣勢：　　　　　　　　劣勢： 勝率：　　　　　　　　勝率： 專案主因：　　　　　　專案主因：
客戶決策關係人組織圖：	客戶選商方式：□採購單位公開招募 　　　　　　　□使用單位選商／採購議價 　　　　　　　□其他：
	客戶決策關鍵：□價格　□技術優勢 　　　　　　　□品牌與供應商信用 　　　　　　　□其他：
	客戶主要決策者背景與情報：
	我方目前主要窗口：（是否位於決策關係人組織中） 與我方關係：□密切且良好　□良好　□一般
	Support requirement：

為什麼業績達成、老闆卻沒有好臉色？

◢ 業務除了達成營收目標、還有更重要的一件事！

Ellen 一邊戰戰兢兢報告、心裡一邊嘀咕著：不知道老闆什麼時候要發作？果然，下一刻 Jerry 突然問道：「你的業績預估跟兩週前的報告有什麼不一樣？」。

Ellen 回答：「Revenue 跟兩週前相比、有略為往上調整一些，因為有一些客戶的訂單會提前下單。」

Jerry 倖倖然地再問道：「那麼為什麼預估的毛利率卻不升反降？」

Ellen 回答：「老闆，因為有幾個 case 比較複雜，我們的專案管理成本會比較高，再加上前兩週預估會贏，且利潤較好的一個 case 輸掉了，所以獲利才會下降。」

Jerry 立刻說道：「都已經放進當月營收預估了，還能輸掉！你們業務主管究竟有沒有在做 pipeline review 和 forecast check 啊？管理是不是太鬆散了啊？」

Ellen 漲紅著臉回道：「老闆，我們一直相信業務放進來的預估都是很有把握的，接下來我們會嚴格過濾，並要求預估精準的！」

Jerry 語重心長地說：「Ellen 你要知道，我這樣要求是為了你好，不能只是追求業績達成率，而是要有獲利；業務團隊不能只有衝勁，更要有紀律！要重視對公司承諾數字的準確度，因為公司的營運全都必須仰賴業務銷售支撐，不能輕忽、更不能失焦而忽略掉根本的獲利目標。」

◢ 落實管理才會有好業績

許多業務主管都是由業務基層工作做起，對於開發商機、維繫客戶關係、業務活動操作、產品的說明與介紹都非常專業，也因此，開始擔任業務主管之後，就理所當然地將工作重心放在這些自己擅長的事上，也就很容易形成由一位 Top-sales 帶著一群 sales 拚業績的現象。

最常見的情況是：多數業務都只是這一位主管的助手，最終要如何與客戶締結訂單，都要由這一位 Top-sales 主管來決定或是親自執行。

這樣的作法在一個規模不大的團隊、或目標相對不高的情況下，或許還能應付，但一旦組織擴大或是業績目標拉高，就會出現缺乏管理而無法發揮整體戰力的窘迫。

一位傑出的業務主管就像是戰場中的指揮官，要懂得制定戰略、運用戰術將戰果擴大到極致，用最少的資源產生最大的效益。因此，指揮官不會時常衝到最前線作戰，但卻能掌握前線最即時的戰情，且要能夠在最適當的時間，投入最適當的人員做最佳的協同作業，以獲得勝利。

　　所以，業務主管對於業務活動的熟悉固然重要，但管理機制才是團隊業績能否精準達成、且能夠獲利的真正核心。正因如此，業務主管要落實業務團隊的內控與管理，這是最辛苦但也最重要的工作。

▲ 業務主管的核心工作

　　因為工作特性的關係，業務主管常忽略本身不擅長的工作、尤其是較為繁瑣的細節，此時應該透過有效的工具及系統機制來降低負荷、提升效率，進一步將管理的精神與原則內化成為業務組織的文化，堅持對於內控機制的尊重與確實遵守，業務組織的紀律與效率才能真正地建構起來。

　　下列幾項工作就是業務主管容易輕忽、但卻務必要落實的重點，供大家參考：

一、對目標設定與達成，要有當責的精神

　　業務主管應該把團隊的業績目標視為最重要的核心價值，對於目標設定及如何達成都要有清楚計畫。從年度目標設定，到每季如何運作與執行計畫，乃至每月如何確實開出達標數字，甚至每週是否依進度完成該有的工作等，都需要有強烈的責任感與可以及時檢視的機制，如果發現問題也才能立即採取補救措施。

二、對於成本控制與獲利，要有與經營者相同的感受

業務團隊之所以能被賦予代表公司的授權，並給予優渥的業績獎金，絕對不只是因為達成營收目標，還必須能讓公司得到合理的獲利。

許多業務主管會誤以為自己的工作只是「衝業績」，反正成本控制是後端支援單位的事情；也有業務主管會為了要達成業績目標，輕易降價犧牲獲利等，這都是錯誤的觀念和方法。優秀的業務主管，必須確保每一筆交易都是以對公司最有利的原則進行。

三、對於商機管理與客情掌握，要有高度的風險觀念

不喜歡了解太多細節、對細部數字缺乏耐心，這都是個性外向的業務主管容易具備的人格特質。但必須提醒的是，要想準確做到業績目標，一定要保持如履薄冰的態度，對於每一個商機、每一個客戶的客情掌握，都確實深入了解和進行追蹤。那對於機會與風險的錯誤判斷就會降低。主管越是保持這樣的精神與態度，團隊的績效達成狀況就會越好。

四、對於投入資源與產出結果，要有檢討與改進的機制

業務主管很容易因為要達成目標，而不斷地關注「投入」這個部分，例如：投入更多的行銷活動（marketing event）、參與更多的案件投標等。但卻很容易忽略掉「投入後的產出」的關係。

在投入那麼多公司資源後，真正的「產出」是否達到原本的預期？特別是當這些投入的資源，並沒有直接計算在業務的銷售成本時，更容易產生「隱藏成本」而不自覺。如果缺乏對於投入資源的有效檢視，就很難提升產出的效率。因此，建立持續且確實的檢討改進機制，對於業務團隊的績效將會有很大的助益。

總結來說，如果業務拚業績拚得辛苦，卻無法讓企業獲利、讓企業經營更有效率，這樣的業務團隊會陷入一個負面的循環裡。這樣的業務團隊不僅得不到老闆的感激，更不會得到後端部門的真心支持，業務主管一定要從可以獲利、可以有效與各部門維繫合作關係、持續成長且擴大規模的角度思考，建立業務管理的文化與制度，才是可長可久的發展策略。

公司未來 3 ～ 5 年的策略方向由誰制定？

◢ 人無遠慮、必有近憂，企業經營也是如此！

會議室外一張顯眼的公告：「年度策略與檢討會議進行中，非參與會議主管請勿進入會場。」場內排排坐的主管們，各個正襟危坐、一臉嚴肅。

Peter 在主席位上凝視台下同仁，心裡感到莫大的感慨和憂慮。這場策略發展和檢討會議已經進行了一整天，但是每個部門主管的報告中，卻仍是雜七雜八的抱怨日常運作困難、哪些資源衝突需要老闆協調裁示，或是競爭對手近期的市場活動頻繁、必須趕快因應……。

Peter 心裡著急的事情卻是：如果大家的眼光都聚焦在眼前的問題，公司下一步的競爭策略究竟在哪裡？

突然有一位主管舉手發言：「老闆，我覺得今天的策略會議開得有點浪費時間，報告內容與每月例行會議差異不大，除了將營運成果累積報告，重複說明下一個年度的既定計畫之外，實在看不出太大差異。」

他接著建議：「我建議是否請會議召集單位，先具體定義報告方向和內容，再開會檢討。另外，是否可以多保留時間進行討

論，而不是一一報告就草草結束、會後卻未必取得共識，更別說
落實執行。」

　　這個提議得到 Peter 的肯定與同意，但因為公司沒有專責策
略發展的部門，因此，該由誰來重新訂定具體的報告方向？又該
訂定哪些內容規範？這反而讓Peter面臨另一個尷尬的狀況……。

◢ 培養主管的策略思維

　　若以全球企業規模來評比，台灣的企業仍以中小企業居多，
企業生命周期也較短暫。這意味著，多數企業鮮少有長期策略指
引發展方向。若非依賴企業主的創業精神或能力，就必須由組織
在運作過程中去培養、建立一套有效的策略發展機制。

　　也因此，坊間許多策略發展的課程就變成企業內訓的寶典。
但若從實務的角度而言，再棒的策略發展模型與方法，若是少了
確實的執行，一切都將成為空談。

　　企業要有好的策略發展，最重要的是確實培養與建立主管們
的策略思維。只有執行層的主管都能理解策略的重要性，也在執
行過程中真心遵守策略方向，策略才不會變成企業高層打高空的
一個口號！

　　阿里巴巴集團旗下螞蟻金服前任執行長彭蕾曾經私下表示：
「馬雲就是一個造夢者，每次他在外面演講所吹下的牛皮，老實
說我們常常也是第一次聽說，但我們相信他所說的就是我們的策
略與未來。所以，我們毫無懸念地盡一切力量將其實現！」

由此可見一斑，若有堅信著策略大方向的中堅主管，高度一致的策略思維所能發揮的力量，絕對是倍數的加乘效果；但若反之，則力量相互抵制、分散，絕難成事。

◢ 策略應該 Top-down 或 Bottom-up ？

每個企業都有其產業特性與文化差異，沒有一個固定的方法論或發展公式可以解決所有的問題。所以，無論是由專責部門負責，或是經由跨部門的高階主管參與發展，又或是由每一個部門各自依據貼近基層與市場的需求去發展，最重要的是以下三點：

1. 策略必須是企業、員工、利益關係人共同受益成長的共識。
2. 策略必須有清楚的目標與方向，並延伸具體的執行計畫。
3. 策略必須充分溝通、達成共識，而且得以討論、不斷檢討改進。

基於上述三點，企業組織中的主要領導者，包括各級主管、基層員工，甚至公司供應商、經銷夥伴，都該清楚知道企業未來的發展方向及策略目標。在大方向的指引之下，根據市場變化、動態調整策略方向，並修正每個年度的執行計畫。

◢ 高階主管該有的年終反省

因此，無論是哪一種策略發展的方法，不會影響到策略制定出來之後應該要有的執行原則，而在這樣的原則之下，作為企業

的高階主管，到了每年第四季或是年終之前，應該要思考下列三件事情：

一、今年做錯了些什麼？

在策略方向與已知的計畫框架之下，今年整年的執行過程犯了哪些錯誤？避免企業策略會議總是歌功頌德、報喜不報憂的陋習，要從策略指導或是執行的角度，做出具體的反省，檢討策略及計畫是否有微調或是修正的必要，也可以避免在接下來的工作中不自覺的持續犯下同樣錯誤。

二、明年最該聚焦的工作？

企業的資源寶貴且有限，高階主管應該善加運用資源，投入在最關鍵的策略方向上，以驅動組織獲得最大績效、創造最有利於未來成長的基礎。所以，在每個年度開始之前，就應該重新盤點下一年度的重點，避免因為缺乏計畫，在執行過程中分散、浪費資源。

三、未來 3 年該往哪裡去？

即使企業已經制定明確的中、長期策略方向與計畫，但在每個年度結束的同時，我們應該再度回顧、依據市場的變化去檢視與思考：企業的下個 3 年應該如何發展與因應挑戰，對於已訂定的策略進行動態的健檢。這樣一來，才能確保方向始終正確、方法持續有效、團隊一直保持高度信心！

要有「扛得住」的人、新事業才會成功！

▲ 舉棋不定、缺乏堅持的熱情，十之八九失敗收場！

「為什麼跟你們上個月的預估還是有落差？」業績檢討會上，Ken 盯著投影幕上各部門達成狀況。Mary 的部門，這個月的達成率仍不到 60%。

Ken 語帶怒氣地說道：「如果是產品的問題，你們要及時反映給產品部門修正，如果是行銷活動仍不夠，也要提出建議及時行動，不能一直看著目標達成這樣落後下去！」。

Mary 回應道：「老闆，我們已經有將一些客戶反饋，反應給產品部門了。例如：希望價格可以有一些初期促銷、用戶一次訂購的門檻及 package 更有彈性等。另外，我們部門現在負責的是全新產品線，技術支援的部分仍有不足，市場上客戶對新產品提供的服務模式也還不熟悉，需要更多時間對客戶進行溝通和觀念推廣。」

Ken 非常嚴肅地說道：「Mary，你要知道這個系列的產品，我們已經投入非常多資源，包括專責的產品開發，以及你現在帶領的專責業務，公司也給了非常多的行銷資源在推廣，我也承擔

了高層給我的質疑與挑戰。我們必須加速把業績做起來，這是我們對公司的承諾，也是我們的責任。」

語畢，Ken 又補充道：「我知道你們還在打開新市場的階段，不同於銷售既有的服務與產品，確實需要時間來醞釀和推廣。所以，我會持續支持你們，投入該有的資源，但我們作為團隊主管一定要扛起責任，向上要進行策略的溝通與資源爭取，向下要激勵團隊成員的信心與執行的效率，貫徹我們的策略想法，不斷審視情勢調整方法，以求更快速有效地達成目標。」

◢ 成功與失敗，僅一線之隔

做過產品開發、新事業策略發展的主管，應該都有過相同經驗。全新的商業模式或產品要獲取成功，多數時候，除了前期開發要有許多投入，上市之後更需要足夠時間，在市場上爭取消費者的了解與認同，但企業在經營上的績效檢視，通常就是一個最現實的指標：業績達成。

因此，即使是新產品、新商模，也一定會有預估的回收期與目標設定。但沒做過的事、沒賣過的產品，無論透過如何審慎的市場調查及前期評估，都只能用「假設」方式來訂目標。所以在企業推陳出新或跨入新領域時，經常會因為理想與目標達成之間的時間落差，最終沒有跨過門檻、也未能堅持，多數只能失敗收場。

當然，若是產品或策略錯誤，企業確實應該要設停損點、不能盲目堅持。但若是因為推動過程缺乏有擔當的主管，很容易就會因為沒有堅持，而錯失成功的機會。

典型的案例：1978 年，徐重仁先生提議將美國 7-11 超商模式引進台灣市場，但當時台灣傳統雜貨商店林立，超商的商業模式與消費習慣尚未在國人觀念中建立，加上商品不夠多元、便利商店普及度不足，連續虧損近 10 年後才開始獲利。但從此之後，統一超商就成了統一集團的超級金雞母與印鈔機。

統一超商與在它之前創立的超商公司，其間最大的不同在於，有一位能夠承擔企業重責與壓力的經理人，讓企業能夠包容、堅信：這是一個值得投資的漫長等待。也因此，在統一超商的模式建立之後，全年無休的便利商店如雨後春筍般在台灣四處設立，爾後的跟進者雖然也都循著相同的商業模式複製成功，但也無法輕易超越 7-11 在台灣市場的龍頭地位。

◢ 成功的經理人，必須「扛得住」

我們在企業擔任主管或專業經理人，絕不會期望自己永遠只是守住公司給的既有客戶或規模有限的市場，因為唯有企業願意不斷開疆闢土、擴大事業版圖，作為中堅幹部才有機會不斷提升自己。但在企業成長與擴大的過程中，必然會有需要創新、嘗試不同可能性的時候，此時，誰能領導團隊跨出舒適圈與既有領域、誰能為企業衝鋒陷陣，誰就是企業未來的支柱。

　　未來的專業經理人，除了應有的專業能力，更重要的特質應是洞察趨勢、了解未來，極強的意志力與執行力，並且能夠承受企業獲利目標的壓力。經理人要能夠判斷：哪些事情應該堅持？哪些事情應該當機立斷？這些特質，可以統合為一個形容詞：扛得住。

　　簡單的說，經理人最大職責就是貫徹企業的發展策略，並且讓團隊能夠持續提升，畢竟，企業最終仍需要人才來實踐、支撐未來的持續成長。要成為一個「扛得住」的經理人，要支持新商模、新產品發展，說起來似乎很簡單，但真正要做到，有幾個關鍵工作必須做好：

- 對新商模、新產品具有高度的理解與熱情。
- 信任、支持團隊，持續協助調整策略與方法。
- 對公司經營管理團隊，具有持續且良好的溝通能力。
- 對上、對下承諾自己願意擔負的責任與企圖心。

　　總結而言，作為一個有擔當且能獨當一面的專業經理人，先要具備能「扛得住」的心態與認知，這才是企業未來的中流砥柱該有的態度。

團隊進化篇

Part 3

挫折與挑戰、
磨練出你的「組織力」！

新手主管被老鳥部屬嗆、該怎麼辦？

◢ 你自認是為了團隊好、但同仁卻覺得是被找碴！

　　星期六的晚上、辦公室裡只有 Jane 的座位燈光亮著。他埋首在電腦前、眼睛盯著螢幕、手不停敲著鍵盤、心裡面想著：「星期五下班前最後一刻給我開天窗、裝病號！哼、想要讓我在客戶面前出糗？就不相信我自己搞不定這份報告。」

　　原來 Jane 的部屬 Elisa 前天交出來的結案報告有一些錯誤，他要 Elisa 加班修改、好趕在跟客戶簡報前再次確認，沒想到被 Elisa 質疑她是「雞蛋裡挑骨頭」，認為 Jane 根本不懂技術，憑什麼說報告有錯誤？面對 Jane 的強烈要求，Elisa 索性請病假，拒絕加班修改。

　　事情回到 2 個月前，Jane 剛從行政部門轉調來擔任售後服務部門的主管，一開始他誠惶誠恐，擔心自己對產品不熟，鎮不住售後服務團隊的技術高手們，所以每次的部門會議都盡量尊重資深工程師，不會有太多的意見和要求，沒想到卻屢屢發生客戶抱怨沒有及時處理、交付的產品檢修報告被客戶挑出錯誤，逼得 Jane 開始從嚴審查每份報告，結果大家都覺得工作量暴增、加班次數隨之增加，才爆發 Elisa 當面嗆 Jane 的事件。

◢ 新官上任先「立信」！幫助大家克服困難，不是增加負擔！

越高階的經營管理層級，越需要同時管理跨不同專業的部門。畢竟組織的各項分工多數是根據專業劃分，但是事業單位必須整合所有的專業，才能成就一套商業模式。因此，跨領域的專業落差，是中、高階主管無法避免的課題。

無論你帶領的團隊是否屬於自己的專業領域，都應該先了解一件事：領導必須有清楚的方向，如果團隊沒有核心的價值與目標，作為團隊的領頭羊很容易陷入執行細節而迷失方向。

而你要如何確立一個方向，讓團隊大多數成員能夠跟隨？建立信任與信心是最重要的工作！身為領導者的你，是來幫助團隊解決問題、克服困難，協助大家完成工作目標；而不是來增加他們的負擔，或是檢討他們的績效，搞到分工不清而自己也埋進泥沼中。

切記，不要將「管理」當作你的「起手式」，而是要將「立信」當做第一要務。

◢ 為什麼組織會讓你擔任跨領域的主管？

從企業發展的角度思考，為什麼會將團隊交給一位並非該領域專業的主管領導？原因不外乎以下兩種：

● 一是培養這一位主管，讓他有不同單位的歷練，藉此觀察他的學習及領導能力。

● 二是此團隊缺乏創新的動能，希望透過跨領域的主管帶領，注入新的思維及想法以打破原有的框架。

所以，作為一個跨領域擔任團隊領導人的角色，應該努力增加自己對新團隊專業的了解，嘗試以自己原有的專業，找出對新團隊有所助益的可能性。因此、新任主管要融入團隊並且有效地領導，可以採取「學習」、「了解」「協助」、「創新」幾個步驟分階段進行：

一、訂定自己的學習目標

設定應該學習及了解的專業內容，進而了解團隊運作及未來發展趨勢。

二、了解團隊運作的困難

先別預設立場，鼓勵團隊提出建議與意見反映，充分了解目前的現況與亟待解決的問題。

三、協助團隊解決困難

挑出最重要且尚未被解決的困難，與團隊共同討論，找出解法。

四、建立共識擬定方向

提出團隊的發展方向並讓團隊參與意見，尋求最大程度的共識後，設定清楚的目標。

◢ 別拿 title 壓專業！建立團隊信任的領導能力，才是改變的關鍵！

　　每位新上任的主管總是會有許多想法，這些新想法多數也是源自於過往的定見和經驗，必然會與團隊既有的慣性有所差異。或許這些想法都有助於團隊成長，但要能夠真正被落實並不容易。

　　如何讓團隊成員打破過去的習慣，服從一位在既有專業上未必能強過他的主管？最重要的關鍵不僅只是你的職稱和專業技能，更是你的「領導方法」！

　　而在領導的過程中，需要逐步建立團隊成員的「信心」，擴大成員對於策略的參與程度，可使你的決策更貼近專業需求，而不是以自己的理解凌駕團隊成員的專業之上。最終擬定出來的方向與目標，才能得到團隊成員的「相信」，鼓勵大家朝達成目標努力。

　　因此，無論是否跨領域擔任主管，你都應該清楚：創造與擴大組織的信任基礎，必然是團隊成功提升效率的最佳良方。

學習以「上位者的視野」解決問題！

▲ 聽到部屬出包？主管出現這三種反應，問題只會變更糟！

Ethan 看著桌上堆疊如山的驗收文件與合約，在內心暗自咒罵負責簽約的業務 Marvin。原來是 Marvin 簽回來的一個客戶，質疑公司交付的設備功能與合約載明的內容不符，找來技術單位一起，來來回回在客戶端裝機測試好幾個月，案子一直拖著沒有結案，原廠那端卻不斷地催著支付貨款，才讓 Ethan 驚覺這個案子還沒收尾。

他找來 Marvin 臭罵了一頓，卻得到一連串的抱怨：「老闆，公司為了節省成本，進貨的時候沒有加購原廠的技術支援。我只是一個業務，又不是技術工程師，還是跟著技術人員在客戶那裡辛苦了幾個月，就是想把問題解決掉。但是公司的工程師技術能力不足，不是我的銷售合約有問題，你罵我有什麼用？」

Ethan 更生氣了：「你不會即時反映問題上來？不懂技術又把問題蓋著、浪費了公司幾個月的時間、耗費了一堆人力，我不怪你要怪誰？你現在就把資料給我整理出來，我看看合約怎麼簽的？驗收條件怎麼訂的？我就不相信客戶有這麼難搞！」結果

Marvin 把資料全抱到 Ethan 的桌上，同時將自己的識別證一丟，撂下一句：「我就做到今天吧！」留下一臉狐疑的 Ethan。

◢ 解決問題、別讓自己成為問題的核心！

主管最容易犯下的錯誤一：過度的情緒化！

面對突如其來的挫折或是挑戰，多數人的本能反應就是保護自己、歸責他人，但這樣的反應只會讓問題變得更嚴重、更難被解決。當主管無法有效管控自己的情緒，很容易會做出錯誤的判斷，或是將情緒發洩在其他人身上，甚至可能因為情緒失控，製造出比原有問題更大的麻煩。

主管最容易犯下的錯誤二：堅信自己比屬下更懂！

如果部屬長期表現順從，主管容易產生一種自己無所不知、無所不能的錯覺，在面臨真正棘手的問題時，將會嚴格挑戰主管的決策品質與能力。

當主管習慣只聽自己想聽的意見，真相與現實會從你身邊消失，不僅可能判斷失準，更容易錯失關鍵的決策時機。最終你不僅無法協助部屬解決問題，還可能成為問題的根源。

主管最容易犯下的錯誤三：將問題泛政治化！

當基層同仁遭遇到問題需要透過主管協助解決時，主管應該會立刻反應：是否需要做跨部門的協調？這時候要以解決團隊問

題為優先，以整個組織績效為考量，千萬別讓泛政治化考量成為問題的核心。

如果其他部門尋求你的協助，也不能僅考慮是否為別人幫襯而貶抑了自己，或是一味評估這對你自己或部門有沒有好處，以免未來需要其他人幫助時，有相同的阻礙。

◢ 學習以「上位者的視野」解決問題！

學習用層級比自己高的「上位者」視野看事情、解決問題，是快速讓自己成長的方法之一，但是該如何學習用上位者的方法解決問題呢？

建立「先省思、再決策」的習慣

管理幅度較大的主管，和帶領小團隊的主管，解決問題的方法有何差異？坦白說，能領導數百人團隊的人，也是從帶領幾個人的團隊做起，能夠在職場上持續晉升、帶領更大規模的團隊，某種程度上也代表他已經能從經驗中、將好的方法篩選出來，成為值得我們學習的對象。

目前的老闆也可能是你的「指導者」（mentor）或「教練」（coach），觀察及探詢自己老闆的決策思維，可以建立參考學習的基本模組。

當你遭遇問題需要解決和決策時，先模擬一下，如果是你的學習對象遭遇到這個問題，他會用什麼方法解決？反覆的將已知

的模組在不同的情況中演練，你的決策品質將會一定程度的接近你的學習對象。

觀察、判斷、驗證，發展自己的決策思維

除了觀察與探詢你的學習對象的思維以外，你也要建立自己的思辨能力，在模擬決策之後，加入自己的判斷，包括：為什麼這樣決策？有沒有更好的方法？唯有懂得質疑與再嘗試，你才能夠真正的融會貫通，並發展出自己的思維。

當你能夠在學習對象的策略思維上，發展出自己新的想法，事後再與原有的方法做比較，就能驗證自己的想法是否更完備、更成熟。

要成為一位好主管，一定要誠實面對自己的缺點，設法將不足轉變成為優勢，更重要的是要能放開心胸、提高視野，向上位者學習，格局也就不會僅侷限在自己的主管和老闆了。

高效率的領導，關鍵是：知人善任、因人而異！

◢ 四象限分析法，讓你因材施教、帶好團隊！

Amy 默默地走進辦公室，並且拿紙箱靜靜地收拾著自己桌上的東西，一旁的同事們完全不知道究竟發什麼事情，為什麼平常活潑又好人緣的 Amy 突然有這樣的舉動。

同事們急 call 老闆 Kenny，把 Amy 正在收拾辦公桌的舉動告訴了他。他警覺到事情的嚴重性，所以急忙取消下一個會議，趕回公司了解狀況。一進門、他就跟 Amy 說：「不要再收東西了，立刻到我辦公室來。」打算兩人好好談談。

Kenny 問道：「你現在收東西是什麼意思？威脅我嗎？」

Amy 回說：「老闆，你剛剛在客戶面前不也是威脅我嗎？你不是質疑我的工作能力嗎？跟了你這麼多年，我是不是認真負責你不清楚嗎？既然你已經不顧這一份革命情感了，我又何必死賴在這裡讓你為難？我自己打包走人、不正是你希望看到的嗎？」

Kenny 解釋：「我只是對你這次的提案不滿意。而且客戶當我的面抱怨，我總要有個交代和下台階吧，我不是真的要你背這個鍋，難道不能配合演一下嗎？」

Amy 幽幽地回說：「老闆，這已經不是第一次了。你每次脾氣上來，我們就是那一個倒楣的替死鬼。我是付出了心力想做好，但客戶不講理、你也不肯定，那我做的也很沒尊嚴和成就感，不如讓我離開吧！」

到此刻，Kenny 才恍然大悟，原來自己一直以來習慣在其他人面前修理 Amy 好擋下客戶的抱怨，Amy 內心是非常不能接受的！只是長期以來 Amy 沒有提出抗議，Kenny 自然誤認成這是兩人的默契。

除此之外，Kenny 似乎也很久沒主動跟 Amy 討論，他在公司未來還會有哪些可能的發展，難怪 Amy 會那麼堅決想離開這個做了那麼久的工作。這真的是自己的錯，但 Kenny 卻不知道該怎麼辦才好。

◢ 你的部屬在意什麼？如果不懂、很難因材施教！

許多主管很容易犯下一種錯誤：不了解自己的員工！不了解他的家庭、興趣、喜好、價值觀，甚至對於他擅長的工作都弄不清楚，只知道這個員工目前所負責的工作，就一直不斷的在這份工作上去要求他、鞭策他。這不僅浪費了公司的資源、也消耗掉了員工的熱情與潛在天賦。

「如果有一份工作可以與我的喜好相結合，即使會比其他工作辛苦我也會甘之如飴；反之，若是這一份工作讓我如坐針氈、

不知該如何下手，就算是比其他工作容易、我也不想浪費自己的時間。」

　　這樣的心態是絕大多數年輕世代的想法，因此，稱職的主管要能夠「知人善任」，最重要的第一步就是了解自己的員工，不只是履歷上所呈現的表面文章，而是要深入去了解員工與職場發展相關的一切資訊，才能夠做出真正最好的安排。

◢ 「四象限分析法」幫助你了解部屬！

　　我經常使用「四象限分析法」將員工的個性與偏好做成分類，再根據員工的屬性分類來安排同仁的工作，也會根據事後的結果，來反證原本的分析與推論是否正確。經過一段時間的反覆驗證，就可以相對準確地掌握與了解自己的同仁。

Case1. 情感和利益，同事重視的程度為何？

　　我將 X 軸設為「情感軸線」、Y 軸設為「利益軸線」，將同仁對於與主管之間或團隊成員彼此之間的情感重視度，以及對於實質獎勵與薪酬的感受度，依照強弱程度歸類至不同的象限。

- 第一象限、利益和感情都看重：清楚自己的人生方向與目標，對於工作有很高的「承諾性」及「責任感」，但自尊心與責任感一樣強烈，若是情感連結斷裂將會一去不回頭。
- 第二象限、重利益，但輕感情：高度目標導向、追求績效也追求高收入，適合分派挑戰性高的業務性工作，可耐受高壓的工作，但流動性風險比較高。

- **第三象限、感情和利益都看得淡**：大多數是剛步入職場或初到職的新人，對於實質利益不敢做太多要求，個性比較「宅」或是較為自我，要給予不同的機會歷練才能確認其可能的發展。

- **第四象限、感情為重，利益其次**：臉皮較薄、但待人較為真誠，適合擔任後勤或是支援性質工作。對於高壓性質工作或是衝突性的工作多有抗拒心態，在職場上不太會主動求表現，但是對於工作的忠誠度較高。

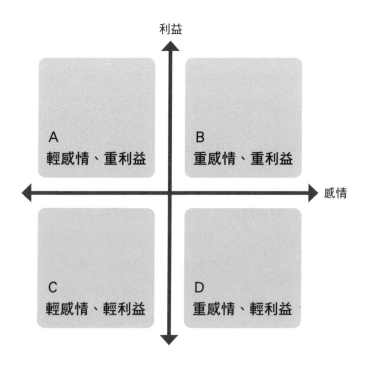

Case2. 理性和感性，同事更像哪種類型？

或者，我將 X 軸設為「理性軸線」、Y 軸設為「感性軸線」，將同仁依照擅長以哪種方式處理事情來分類，並且依前述的方法驗證，也得到以下的一些心得：

- **感性主導**：適合擔任文案或是創意發想的工作，若需要邏輯性較強的工作則不適合指派給這類型同仁。
- **兩者兼具**：適合擔任專案管理、團隊領導的角色，也可以將複雜的溝通工作交付給具有這種特質的同仁擔綱。
- **兩者皆無**：這樣的同仁多數是態度上出了問題。可能無心於現有的工作，缺乏耐心與細心去溝通與思考，若發現同仁有這樣的狀況應該要及時處理。
- **理性為重**：邏輯思考與科學導向是其優點，但溝通技巧、舉一反三的能力與創意可能會比較缺乏，如果領導者給予清楚的任務方向與執行計畫，這一類同仁是很棒的執行者。

◢ 善用同仁的優點、發揮他的優勢！

透過前述所舉的例子，最重要的目的就是要清楚了解旗下領導的每位關鍵同仁，並且用「對的方式」來帶領他們，讓他們的優點充份被運用，同時也讓他們在這樣的過程中感受到自己的價值有被重視，得到他們期望的工作模式，以及與主管愉快的合作關係。

　　所以，千萬別再抱怨員工都不懂主管的辛苦，也不要再將怒氣轉嫁到同仁的身上，與其抱怨與生氣，還不如想辦法了解同仁，給予他們該有的幫助。

反省一下自己、你是一個令人討厭的主管嗎？

◢ 這四個習慣超致命，將使你陷入無人可用的窘境！

Jay 不斷重複撥打同一個手機號碼，電話卻一直轉到語音信箱！他不死心地再次撥打，電話那一端終於有了回應：「喂～老闆、什麼事嗎？能不能請你不要再 call 我了？我已經決定要離職了，我真的沒什麼想說的！」

Jay 還來不及說些什麼，電話卻已經被掛斷了，心裡真的覺得非常不是滋味。

不久前，Jay 團隊的另一位小主管 Tom，申請轉調到其他部門，當時他對 Jay 說：「老闆，你真的很厲害、很有想法，我也很想跟你多學一點東西，但我真的跟不上你的步伐，怕耽誤到團隊的進度、辜負你對我的期待和栽培，你還是讓我轉調好嗎？」

Jay 一直想不通究竟為什麼，團隊中每個人都是他親自面試，打算重點栽培的人，為什麼在自己的部門都沒辦法待得下來？是這些年輕人態度不對、抗壓性太差？還是自己太過嚴厲了？

於是 Jay 打了一通電話給 Tom 現在的老闆，詢問轉調過去後的工作狀況，得到的答案卻是：「Tom 在我這兒表現很好啊～

謝謝你願意把這麼優秀的同事轉調到我部門來，太感謝你了！」
這個回答讓 Jay 更想不通了……。

▲ 為什麼我招募進來的人、最後卻不能為自己所用？

一、只想複製另一個你自己

留不住團隊成員的主管，會犯下的第一個致命錯誤：期待下屬和自己一樣！因為自己就是這樣子學習、歷練出來的，所以會直覺地認為：下屬也該循相同的模式，被訓練成和你一模一樣。殊不知今時今日已經和過去不同，不僅科技進步與環境改變，更重要的是每個人都有其獨立的特質，要善用人才的優點使其有最大的發揮，而不是複製一個過去的自己。

就像是優秀的父母總是會希望自己的孩子能和自己走相同的路，但這樣的期待不只扼殺了孩子自由發展的機會，無形當中更會增加彼此對立衝突的可能。因此，與其懷抱著這樣的期待，還不如順著孩子的個性與天分讓他依興趣發展，更能使他有所發展。

組織中的人才培育也是一樣的道理，**培育組織中的接班人才，本來就是主管的重要職責之一，但是千萬不要因為自己的錯誤思維，而導致無法將人才留在組織中的窘境。**

二、把自己的功勞看得太重要

留不住團隊成員的主管，會犯下的第二個致命錯誤：將自己的重要性無限放大。凡事似乎少了自己這件事就不會成功，因此，每件事都要插手一點、但卻又無法太過深入，最後導致大多數的事情都在等待你做出最後的決策，反而讓自己成為組織中最大的瓶頸。

主管最重要的工作是領導而非執行，為什麼主管轄下會有人數不一的組織成員呢？其目的就是希望透過主管的領導，讓組織成員發揮 $1+1>2$ 或是 $1+1+1+\cdots\cdots>X$ 的可能。

所以，主管的工作是驅動組織中的所有成員透過協作，創造出超越組織成員個別最大效益的總和，這才是主管的價值與主要的工作。

不明究理的主管，會不斷地跳進去個別的事件，並且深陷其中，忽略了他最重要的工作是帶領團隊達成組織的共同目標，而非突顯自己在單一工作上不可或缺的重要性。

三、剛愎自用，拒絕他人意見

留不住團隊成員的主管，會犯下的第三個致命錯誤：以自己的想法為主、缺乏對於其他意見的尊重與接納，簡單的說就是「剛愎自用、自以為是」。這種主管對於部屬的意見與想法缺乏包容的雅量，如果自己的想法或意見有錯，礙於自己的威信與面子問題，也不願意認錯或及時做出修正。

　　許多主管常會對於組織中與自己看法相異的意見，視為是不友善的對立，缺乏理性討論的意願，久而久之就會形成一種讓其他人不願意據實以告的氣氛，以免引來被貼標籤的風險。而組織終究會形成一言堂的決策風格，當然也很難讓有想法的人才願意繼續留下來。

四、見不得部屬比自己好

　　留不住團隊成員的主管，會犯下的第四個致命錯誤：見不得其他人比自己好。例如，其他部門的績效表現比自己的部門好，或是自己的下屬表現得到高層的肯定，都能夠讓某些主管覺得不爽、覺得自己的地位受到威脅，這樣的心態都會在你與團隊互動時不經意地顯現出來。即使你再怎麼想要掩飾，其實都很難隱藏自己心裡真實的想法，而如果你無法真心的與團隊共同分享成果，將沒有人才會願意為你拚搏。

　　要解決這種「見不得人好」的問題，唯一的方法就是：放大對自己未來的期許及要挑戰的目標。因為你的未來不會只侷限在目前的工作，因此，最大範圍地放大你對未來發展的想像與期待，也就最大範圍地擴大了你願意樂見「共好」的領域。學習欣賞他人的成功、讚美及肯定別人的努力，當個能與最多人共事、共榮的主管，才能夠真正放大自己的格局。

　　大多數的主管或多或少都曾犯過上述四種錯誤，只是多數都缺乏自知與檢討的能力，要能夠不再繼續犯下類似的錯誤，一定

要定期檢視自己的團隊及自己所參與的工作，不斷地提醒自己：
授權容錯、鼓勵創新、主動合作、即時獎勵！

一顆老鼠屎、就能讓你的團隊瓦解！

◢ 這五種行為，超傷害團隊！

「我負責的那個客戶，又來了客訴！我們家技術人員搞了幾天才找到原因，如果不是我擋在前面跟客戶斡旋、給客戶飆罵，他早就取消訂單、要求巨額賠償了！」

Frank 逢人就訴說著他的委屈遭遇，站在他的角度來看，後端的技術人員沒有及時支援前線，是公司的一大缺失，應該要立即改善。

但事實上 Frank 這個抱怨不只一次了。他在公司服務已久，經歷過公司技術與業務的巔峰時期，他總是拿過去的經驗死守既有客群，和主管抱怨現在的技術人員不足、能力不佳，但是卻不願意學習銷售公司的新服務與產品。

面對老客戶也只願意推銷自己熟悉的產品，或是慣性降價來維持續約合作，以致於他的客戶毛利偏低。一旦為了客訴投入額外的技術人力，就會陷入沒有獲利的窘況，也因此他時常到處訴苦、撇清責任。

主管 Alan 發現 Frank 的負面思考、四處抱怨，造成業務部與技術部的對立，嚴重影響公司士氣，但是礙於許多老客戶都

維繫在 Frank 身上，下半年又即將進入這些客戶談續約的尖峰時刻，如果現在撤換，擔心會對業績有影響。身為主管，該怎麼做才能有效解決這個困擾？

◢ 這五種行為，主管不應該容忍！

組織中難免會有員工素質不一的狀況，一位好的主管除了要發掘優秀的員工，也要能指導具有潛力的同仁，並在過程中保持容錯的雅量。但假如出現嚴重破壞組織、對團隊產生極大負面影響的行為，主管也需立即判斷、採取阻斷的措施。

什麼樣的行為會嚴重破壞組織運作？以下整理了五種常見的狀況，可供參考：

一、搞對立，破壞團隊和諧

領導者必須堅定不移地推動「團隊合作」，以身作則、落實團隊精神，否則組織難以發揮最大戰鬥力，白白耗費無數資源在內部抵制與消耗。如果團隊中有人刻意製造對立、破壞團隊精神，務必立即制止、加以糾正。

二、自恃能力與資歷而拿翹、漠視規範

有些員工以為自己的專業能力是組織不可或缺的關鍵，或是自認對於客戶的掌握程度、已經累積的業績，都是公司無法失去的價值，因而恣意妄為，習慣性地輕忽公司的規範及要求遵守的

原則，將逐步導致整個團隊運作失去了準則與公平性。如果主管沒有約束這樣的行為，日後對整個團隊的規範都將形同虛設，無法有效地推行。

三、缺乏基本的職業道德

每種工作均有基本的職業道德原則，例如：房仲業者不該隱瞞買、賣雙方之間的售價與出價、從中套利，違反最基本的誠信原則。又例如：擔任大型 SI 專案的業務人員與專案經理，必須遵守專案內容的保密原則，並且以專案順利完成為第一優先，不能因為自己是專案的核心人物，就藉著請辭或是休假「爭取」自己與公司的薪資談判，或是直接帶槍投靠其他公司。這種行為不只影響公司的形象，也會傷害聲譽、斷了自己在業界的發展。

四、假公濟私、以私害公

組織運作中的兩難就是「效率 vs 規範」。為了防止可能的弊端、降低組織風險，許多 SOP 或是管理規定應運而生，但是增加流程勢必降低效率，有些員工就會以提升效率為由、另闢蹊徑，嘗試在流程中創造出許多例外。

主管必須清楚判斷哪些是「必要的例外」？哪些是不該同意的破例？特別是這些例外可能使特定的個人受益，或是損及公司的利益，必須嚴守的界線不應輕易妥協。

五、怠於學習、拒絕進步

　　企業想持續獲利與成長，必須不斷地進步與創新。組織中的成員如果缺乏學習熱情，甚至排斥學習，對於整個團隊的影響是：為什麼 XXX 可以不學，我卻必須持續學習新的事物？一旦這樣的情緒與思維擴散開來，組織就會陷入拒絕進步的泥淖。

　　這件事的解決之道在於主管的態度，當領導者主動參與學習，帶動學習氣氛、鼓勵團隊進步，就有機會適時阻斷團隊拒絕成長的風氣。

▲ 主管的態度決定了老鼠屎的多寡

　　組織中為什麼會有上述五種不該出現的行為？多數的原因是主管面對這些行為的前期徵兆，抱持著觀望與容忍的態度。當同仁有一些小的壞習慣冒出頭，主管礙於情面或是疏於關心而未及時糾正，久而久之就會不斷地被擴大成一種慣性，再要抑制這些行為就必須付出更多代價。

　　因此，領導者必須正視上述五種不當行為、做嚴格的要求，才不會讓團隊的努力，因為一顆老鼠屎而前功盡棄。

Part 4

懂得體察人性、
才能擁有「溝通力」！

老闆、別再只會用「聽話」的人了！

◤四個領導習慣，決定你能帶團隊走多遠！

經接近午夜時分，Allen 的手機突然震了一下，仔細一看是部屬 Jay 發來一封 mail。雖然已經累到恨不得上床躺平，但還是忍不住將 mail 打開看看究竟是什麼事、必須在這個時候發信來？

Jay 的 mail 一開頭就提出離職。他提到，自己向部門提出的建議和作法，都是與 Allen 討論後，與團隊進一步微調、取得共識，卻常因沒有聽從 Allen 對執行方式的建議而被否定或是刻意打壓。

另外，他也強調，Allen 對待同仁的標準並不一致，對待聽話的成員格外放縱，但對積極努力、但不一定聽話的同事就百般刁難，他實在不能認同，也不想繼續忍受下去……。

Allen 看完信後，忍不住回想自己真的做了如 Jay 所描述的行為嗎？還是根本只是 Jay 想離職的藉口？一想到自己承擔這麼大的業績壓力，但底下的人只想著自己的提案是否被採納，或是執行時是否有被肯定，越想越生氣，心想：「要走就讓你走，我就不相信少了你，這個團隊就做不下去了！」

◢ 主管也是人，覺察自己的人性弱點是否影響決策？

其實每個人都只是凡人，難免有人性上的弱點，例如：喜歡被肯定、被讚美，對於擅長討好自己的部屬，可能會比對其他人好一些。另一方面，主管掌握決策的權力，也必須對成敗負起最後責任，所以，慣性上當然會想要貫徹自己的想法，但這樣也可能形成「武斷」或「專制」的偏頗印象。

領導者必須誠實的面對自己在性格和情緒上的缺失，透過不斷地反省去修正自己因「人性」而產生的決策落差，才能避免陷在這個錯誤的循環之中。

或許有些人會覺得：合不合得來很重要吧？領導者為成敗負責，當然需要在工作上能主導一切，不能配合就讓他離開，有什麼不對？

然而，關於用人最高明的原則就是「用人唯才」，如果領導者能更多元、廣泛地包容人才，你的組織就有更大的發展潛能。另一方面，現在的年輕世代追求自我實現的想法，遠甚於被一個工作給限制住，所以，如果領導者不夠開明、誠信，將很難吸引到真正優秀的人才加入團隊。

◢ 領導日常的四個習慣，讓團隊成員更信賴你！

不同的性別、個性、專業領域、工作歷練，會形塑出不同的領導風格，但「信任」一定是其中的共通因素，且能讓團隊成員

信服，並達成高效領導的關鍵。

你可以檢查自己四個領導習慣，如果都有做到，日積月累就能建立團隊之間的信賴：

一、別讓人發現你偏心，決策要以團隊利益為優先

與組織中任何人共事，都不應因私交影響公事，管理者可以與同儕及部屬保持良好的互動交流，但在公務決策上則要堅持專業，以團隊整體利益為判斷依據，信守「言行一致」的原則，讓團隊成員對於領導者的誠信有絕對的信心。

二、部屬的意見和你不同，應回歸專業理性的討論

當遇到團隊成員與自己的想法不同的情況，不應該依據個人偏好強勢貫徹指令，而是運用團隊成員的專業，充分了解並尊重不同意見，以溝通達成最大共識。因為共識最能夠讓組織發揮團隊合作的力量。

三、如果執行過程有誤，由領導者一肩扛下

任務執行的過程如果遭遇困難、或是可預見的結果不如人意，領導者就要站出來、一肩扛下，帶領團隊持續克服困難，達成團隊的目標。即便團隊成員有疏失，不能只有追究責任，也要給予機會學習和成長，讓團隊從領導者的協助中進步，也感受到相互的信任。

四、慷慨分享任務成果，榮耀整個團隊

當團隊獲致一定的成果，領導者要能慷慨地與大家分享，讓成功可以榮耀到團隊的所有成員，更要盡力分享每一次的成功經驗，以激勵團隊追求下一次更大的成功。

總結來說，一位好的領導者除了自己的特質以外，更要堅持建立自己與團隊的互信基礎。相互合作的精神越強烈，越能夠為團隊帶來高效率的力量；反之，即使每位成員都非常優秀，但若是缺乏互信，也會因為彼此消耗而無法成事。

別自以為已經溝通好了、其實只是沒人跟你說實話！

◢ 部屬檯面上不說，但私下卻意見一堆？

Kevin 看著坐在他面前的 May，雙手交叉放在胸前、目光望向天花板，一臉就是不想聽你說話的態度，真的氣到想罵髒話。他忍了下來，開口問道：「妳想要怎樣？這個客戶移轉，我們之前不是已經溝通過了？當時你也沒有太多意見，我把這個客戶交給 Maggie 負責，分配一個更大產值的客戶給你，為什麼現在突然賭氣、提離職呢？」

May 回道：「老闆，大家都知道你不爽我很久了，你明知道這個客戶是我來公司之後，自己開發出來，跟我配合了那麼多年，還會幫我介紹客戶。你堅持要把客戶轉給其他人，就是想逼我走，這口氣我吞不下去，你就簽了我的離職單吧！」

Kevin 心裡想著：為什麼 May 反彈這麼大？先前一對一時談過的想法，到了執行時又引發抗議，是自己溝通的方法有問題？還是過程出了什麼錯？更何況，團隊已經出現好幾次類似的狀況，Kevin 談好的事情，在真正執行時同仁卻不在狀況內、對於任務出現不同理解，成員在他的背後議論，已經導致 Kevin 的管理危機，不知道該怎麼辦才好。

◢ 主管以為「有溝通」，部屬只認為「被交辦」！

許多主管在針對員工溝通時，最容易忽略一個基本原則：溝通的關鍵在於雙方能夠「形成共識」。如果沒有以此為前提，所謂的溝通也只是將自己的想法「交辦」給員工而已。

最明顯的例子就是以發佈公告、或是以電子郵件的方式告知員工某個重大的決策，卻從未與個別員工討論、或針對其想法進行差異化的調整。

類似這樣「我已經有定見」的溝通，即使事前向員工做過說明，都很難讓員工認為是雙方取得共識的結果，更何況以發公告的方式通知，員工當然難以理解主管的考量。

◢ 關鍵是溝通的目的：要達成什麼？或是要避免什麼？

團隊領導的終極目的就是達成目標、成就一個團隊。如果不能達成目標，代表團隊沒有充分發揮功能，即使溝通做得再多、再好，早晚都會被檢討。反之，當目標確實達成，溝通的結果才會被認可，連帶得到相關資源讓組織成員獲得成長。因此，主管良好的溝通能力，是要將「溝通的訊息」與「團隊目標」連結在一起，避免虛耗精力、充分溝通後卻沒有創造出成果。

　　另一方面，主管的責任是運用團隊的力量克服組織運作中的挑戰，針對可能的風險提出因應的作法，領導團隊避開陷阱與障礙、突破困境。所以，主管與同仁溝通的另一個重點是：避免模糊不清、空洞且沒有聚焦的對話，要充分聽取同仁的想法、相互討論後形成解決問題的具體作法。

　　總結來說，主管的有效溝通，必須包含清楚的目的（連結組織目標），充份的意見交換以形成具體的的共識。

　　落實到領導的日常，我提供三點建議作法：

一、與績效目標相關的溝通

　　例如年度目標與策略發展討論、每季執行成效檢討、每月進度追蹤，都屬於定期的團隊溝通會議，也可以採用一對一的討論。主管需規範明確的討論內容及事項，請部屬陳述意見，再進行追蹤與考核，避免淪為單向的進度報告或指示。

二、與團隊相關的溝通

　　關於責備，別讓一個人在大庭廣眾下出醜；關於讚美，別關起門來鼓勵一個人。當眾指責通常無法激勵人、更不會產生溝通效果，但當眾讚美卻能鼓勵其他人群起效尤，產生競合關係與模仿效應。

　　有效建構團隊（team building）的溝通是讓成員價值觀趨近一致，避免各自行事、不願意相互合作，針對團隊的溝通，主管

需要不斷強化團隊的文化與價值觀，小心變成相互抱怨或是工作檢討的會議。

三、為個人或特定事件的溝通

任何涉及員工個人利益和權益的項目，主管都需要清楚知道的具體內容。例如同仁的考績評分，考核的標準及應達成的目標是什麼？若不是一個可量化的指標，很容易與部屬的期待有落差而導致反彈，一定要盡可能清楚條列，才有望形成共識。

◢ 鼓勵員工表達意見，從主管「閉嘴」開始！

溝通的目的是為了了解同仁的意見，進一步取得共識，但許多主管會錯將自己的意思表達列為優先項目，一開始就大刺刺地表述自己的看法，再邀請同仁提出意見時，難免形成壓力讓員工不敢、或不願意表達。這樣的溝通等於沒做，甚至比不做還要糟！

我再三強調，無論哪一種型態的溝通，請不要忘記溝通的目的就是要「達成目標」、「形成共識」，事先擬定溝通的步驟與目標，確實做到聆聽同仁的意見，才是主管做好溝通的基本原則。

❖ 主管認為的目標共識 ❖

❖ 員工期待的目標共識 ❖

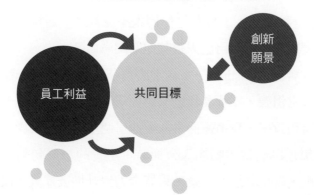

沒搞懂領導的竅門，小心你部門變成個人秀舞台！

◢ 部屬做不好、就只好凡事都插手嗎？

「昨天怎麼交代你的？這份文案跟我講的完全不一樣啊，你現在立刻去給我重做一份！」

「Tiffany 昨天的會議你也沒帶腦子進來嗎？這樣的報告你也敢拿出來？都沒臉說你是我的 team member 了！」

「不是我愛罵人！實在是你們太不認真了，這樣的工作品質讓我怎麼放心讓你們自己去跟其他部門溝通？」

這次會議 Christine 一如往常將每個部屬都修理一頓，但他自己也非常沮喪，不懂為什麼一再要求，卻仍然無法提升團隊的工作品質和效率，難道每件事非要他這個主管自己來操煩嗎？

回想起自己當年剛加入公司時，主管的每一句話、交辦的每一件事，就是神聖的旨意，只能全力以赴地去達成。沒想到自己當上主管後，部屬總是隨隨便便的、完全沒有把自己的話當一回事。難道是時代真的變了嗎？還是自己的管理方式出了什麼問題？

◢ 是團隊太弱？還是主管不懂得溝通？

其實，許多時候不盡然是團隊的工作態度有問題，或是工作能力不夠好，也可能是主管對工作交辦得不夠具體、也不夠清楚！每位主管的難題就是「承上啟下」，如何將老闆的想法轉化為具體的任務分配，指揮同仁產出成果來達成老闆的要求。

假如主管不能清楚掌握並傳達老闆的想法，只是給出模糊、且不夠具體的要求，讓團隊在不確定的狀況下先做了再說，那可預見的結果必然是無法達到預期的目標。所以，主管應該先從三個面向檢視自己可能的問題：

一、你搞懂老闆真正的意見了嗎？

因為高層主管的要求逐層往下傳遞，到達執行團隊的時候往往已經失真，甚至有資訊不完整的狀況，例如：「老闆覺得行銷費用投放不夠精準，希望執行計畫能做得更具體。」當你不能或不敢去探詢老闆明確的想法，這樣籠統的要求傳遞到了負責行銷的基層團隊，可能就會被簡化成：「老闆要砍行銷預算，沒有具體效果的行銷活動不要再做了。」

二、你想過老闆的意見如何變成具體的方案嗎？

將上級交付的任務直接往下交辦，這是最糟的作法，卻也是許多中階主管最常犯的錯誤！上面老闆交代的事情，如果自己沒有想過該怎麼做比較好，就直接要求下屬去發想或執行，等於要

同仁去猜測你、或是老闆的想法。一旦不符合你或老闆的期望，究竟是要由誰承擔？一般都是基層同仁要背鍋，不是嗎？

這樣的過程很容易形成虛耗、浪費時間，甚至會讓基層有這樣的誤解：「反正第一次交出去的東西一定會被修改，不必花太多心力啦！」

三、對於工作的態度、品質、授權程度，對上、對下都有共識嗎？

許多討論很難在一個短暫的會議中可以有具體的結果，對於核心的工作方法、主要的策略發展方向，都應該建構在彼此具有共識的基礎上，才能不必事事都要請示，每個環節都要溝通。

因此，無論是與你的上層主管或是下屬的同仁，都應該把握任何的機會儘量地做好充分的觀念溝通，特別是一個長期建立的授權信任，以及對於工作態度與品質的要求，必須抱持著一貫的態度與標準。切記，不可以因為自己的情緒而反覆無常，因為這將會使團隊失去對你應有的尊敬與信任。

◢ 分層、分工的授權，讓組織發揮力量！

一位優秀的中階主管，從層次上而言應該轄下有兩層（基層主管、一般同仁），無論你是否完全透過下屬的主管運作，當你經常必須插手管到每一位同仁的日常工作，那麼你的團隊應該無法超過一定的規模。因為，中階主管必須學習透過分層、分工的

方式提高管理的效率，而非以過人的精力和對工作的狂熱來證明自己的能力。

　　而要如何能夠分層、分工且有效地運作你的組織呢？下列幾個原則提供參考：

一、清楚的量化溝通原則

　　無論「承上」或是「啟下」，儘可能的將要求與工作目標量化，諸如：應該完成工作的時程、工作的內容、工作應達成的效益等，都能夠具體的以數字量化，在接受上級交辦工作時，可依此原則溝通取得清楚的目標，再往下交辦執行也循此原則說明，日後檢討改進的時候當然也就有會有所依據。

二、善用情境式的管理

　　當執行工作缺乏可量化指標，或是屬於主觀判斷重於客觀衡量的情況時，應該使用「情境式」管理。

　　例如：使用實際案例說明、給予實際演練的機會，避免無先例可循的自由發揮，可以減少員工表現落後於預期的情況發生。

三、授權與容錯、讓組織成長

　　無論是對你的下一層主管、或是基層的同仁，都應該給予發揮的空間，尤其是主管工作更應該給予適當的授權，讓他們學習決策與為決策負責的態度，不要讓同仁害怕出錯，因為這樣的害怕將會扼殺掉創新與主動的熱情！

　　大多數的領導者都是在開始帶人之後，才開始學習如何領導。訂定制度是簡單的，但要落實制度卻是困難的；訂定目標是容易的，要達成目標卻是困難的。

　　一旦加入了「人」這個變數之後，組織就會產生千百種不同的可能與困難，因此，要當一位高績效又輕鬆管理的主管，善用溝通的技巧與充分發揮組織團隊合作的力量，是非常重要的關鍵原則。

靠權威領導的時代、過去了！

◢ 這四件事，才是留住新世代人才的關鍵！

Allen 好奇地看著坐在會議室裡的幾位同事，小聲地向坐在他旁邊的 HR 經理 Lisa 問道：「這幾位都是剛加入我們公司的培訓幹部嗎？看起來年紀都很輕耶！」Lisa 輕聲回道：「副總是的，都是畢業 5 年內的社會新鮮人，符合公司要求進用年輕幹部的政策。」

在 Lisa 的簡單介紹後，Allen 隨即正式開始他的致詞：「歡迎大家加入，我是業務部門的主管，我個人最大的喜好就是高爾夫球……。」15 分鐘過去，Allen 仍在興致勃勃地跟大家分享他個人的喜好、人生閱歷及在公司的豐功偉業，但台下的新人們逐漸分心，還有兩位悄悄拿出手機在桌下滑動。

Lisa 偷偷拉了一下 Allen 的衣服，提醒他切入主題，Allen 不僅沒弄明白這個暗示，還在會議中糾正新人，要大家專心聽他說話，最終會議在超過預定時間 1 小時後結束。

會後，Allen 嚴正地告誡 Lisa，招聘儲備幹部應該要更嚴謹，必須選擇對於公司的規範及相關的要求服從度較高、不以自我為中心的人選，也應該強化新人對於組織倫理的觀念等。

Lisa 則是委婉地說明，這一批年輕新人都很優秀，是經過不同部門主管幾輪面試才挑選出來，而現在的年輕人比較重視自

由、強調自我發揮，對於公司的規範需要一些時間適應。於是兩人的談話就在缺乏共識的情況下草草結束。

◢「數位原生世代」的五個特質！

現在進入職場的社會新鮮人，出生在行動寬頻與數位工具普及的時代，所以也被稱為「數位原生世代」。他們使用 3C 數位工具比運用紙筆更熟練，凡事遇到疑問就上網搜尋找答案，取得資訊既快速又簡便，但不一定有能力判斷資訊的正確性與完整性。他們創意十足、動作迅速，但因為資訊的豐富而多元，對於許多事物未必有堅持的毅力與熱情，也較抗拒權威式的教育與領導方式。

因此，當數位原生世代成為職場中的主力新血，身為主管必須先掌握這些年輕世代的五個關鍵特質：

1. 喜歡發短信卻不喜歡對話（Always texting not talking）
2. 總是對老闆的話抱持懷疑（Always suspicious boss thoughts）
3. 凡事求快心切卻未必求好（Always faster not better）
4. 重視自我多過於在乎他人（Always care self not others）
5. 喜歡新事物更討厭老規矩（Always interest novelty not rules）

這些特性和傳統五、六年級世代的想法完全不同，主管們應儘量避免再用自己信奉的職場規則來領導這些新進同仁。但該如何讓他們認同，進一步對工作產生熱情呢？

▲ 四個作法，與數位原生世代互補合作！

　　根據線上人才招募平台的統計，35 歲以下的工作者、平均 18 個月就會轉換一次工作，企業將面臨的挑戰，不只在人才聘任的速度上競爭，更必須有效留任企業需要的人才。而這個挑戰絕非僅只透過薪酬與福利就能解決，更關鍵的是管理的方法與制度與時俱進，才能讓年輕世代願意和企業共同成長。以下幾個作法可供參考：

一、包容新世代對於既有制度的挑戰

　　企業要引進新血也要接納新觀念，對於既有的行政流程、作業規範或是管理的觀念，都應該抱持著「改變、就有機會進步」的寬容態度，只有不斷地嘗試改變才能夠創新。

二、鼓勵新世代提出建議與看法

　　年輕人的想法也許不夠成熟，卻也沒有過去的包袱及經驗限制，更有可能打破框架、提出創意。主管要善用這樣的特質、給予鼓勵，再針對新的想法加以整合、去蕪存菁，往往就能發揮互補的效果，得到意想不到的效益。

三、讓儲備幹部機制成為常態

　　善用校園人才招募或產業人才培育計畫，經常性地為企業注入年輕新血，並有計畫的讓新進同仁輪調各個部門歷練，使人才

的適用性得到最大可能的驗證，同時也維持各個部門的人才進用
管道暢通。

四、推動企業內部的數位化工具普及

　　主管本身應該持續保持對新事物、新工具的高度興趣及接納
態度，不僅要推動企業跟上數位轉型浪潮，主管自己也該是轉型
與改變的驅動者，企業的數位轉型成功，就是吸引數位原生世代
加入與留任的最大助力。

　　總結而言，數位轉型的趨勢來臨，我們面臨的挑戰越來越多
變、越來越快速，要因應這樣多變又快速的挑戰，僅依賴長期累
積的成功經驗和成熟的管理制度，已經不足以保證未來仍能持續
成功。必須虛心放下自己的主管身段，嘗試向年輕的數位原生世
代學習，你會發現這些年輕人將會是企業的未來，因為你和我，
不也都是這樣走過來的嗎？

領導者瞎忙、團隊累癱了也無法達成目標！

▲ 懂得「輕重緩急」、盯緊重要的大事，才是好主管！

　　Michael 用 iPad 連上 Google meet 參加老闆召開的主管會議，但是另一邊的筆電也沒閒下來，忙著修改和調整部屬要交給財務長的報告。

　　老闆突然在會議中點名他：「Michael 為什麼沒打開視訊鏡頭？剛剛大家談到的第二季營運狀況，你有什麼看法嗎？」Michael 緊張且支支吾吾地回答：「抱歉！我有聽大家的意見，只是剛剛要關掉麥克風、不小心也把鏡頭關掉了。大家的看法都很好啊，我們後端支援單位會全力協助的。」

　　老闆又問：「針對業務團隊抱怨網路行銷做得不夠好，你有什麼看法？」Michael 回說：「老闆，我不是那麼懂行銷，不好隨便表示意見。」老闆接著問：「那 Pre-sales 最近幾次投標文件校正不確實，差一點喪失投標資格，你有什麼改善建議嗎？」Michael 回答：「Pre-sales 團隊是非常辛苦的！可能因為工作量太大，不容易控制文件品質，如果有需要的話，我們後端會安排一些人力來協助。」

老闆最終丟下一句：「Michael，你的團隊負責支援的事很雜，但是你畢竟是公司的一級主管啊，不能只了解那些作業層級的事務，要更多了解全貌才行啊！」Michael突然得到一頓數落，卻不知道是哪裡做錯了。

◢ 交報告這種小事，不該變成緊急的大事！

很多主管總覺得事情做不完，而且好像什麼事都十萬火急，不知道該先處理哪一件事。每天就不斷地忙進忙出，不停處理大大小小的「急事」。

但如果先想一想，每天面對的急事，是否真的非常緊急、必須立即處理？或是一定必須由你親自處理？尤其是層級越高的主管，越需要檢視自己所處理的事情是「急事」，還是「重要的事」。

若是這件事情不重要、但很緊急，為什麼會提升到你的層級來處理？是因為你對屬下的授權不足？或是各級主管與執行人員的態度消極，沒能及時解決？如果不探究原因，只是一味地處理問題，不僅工作效率變糟、組織功能失衡，甚至團隊會失去工作方向，因為你將沒有時間確實帶領他們做好該做的工作。

◢ 組織和團隊，如何做到「事有輕重緩急」？

如果一個主管總是要處理基層的「急事」，大多數的原因是主管不信任團隊成員，或是他沒能建立團隊應有的能力，甚至是

缺乏應有的溝通與管理技巧等，導致團隊多數的事情，都集中到他身上來決定或處理。

　　當你的團隊也發生類似的狀況，身為主管，應該儘速地檢討自己，立即做出改變，讓組織運作能夠有「輕重緩急」，不同層級的主管分別發揮他們應有的功能，提振整體的工作效率。

　　不同層級的主管都可以採取下列的分類與方法，改善日常事務的處理態度，將每天要處理的事情，根據重要和緊急程度畫分為四個象限：

　　(1) 又急又重要、(2) 重要但不急、(3) 很急但不重要、(4) 不急也不重要。

　　盡可能將心力與時間放在「又急又重要」和「重要但不急」，其他的工作就思考如何透過分工和授權去消化。

◢ 什麼事又急又重要？與目標達成直接相關的事！

　　對於一個業務單位來說，如果要將業務主管的工作放入矩陣中分類，我相信多數主管會將「商機開發與跟進」列為又急又重要。雖然業績鮮少能一夕之間就做到，但若是稍有鬆懈、或是沒有開發足夠的客戶接觸機會，就會有業績無法達成的風險，而達成業績目標就是業務單位最重要的事情。

　　我在擔任基層業務主管期間，花最多時間親自參與這項工作，為了達成目標，唯有親自督導商機開發才能掌握全貌。由此

可知，**又急又重要的事必須與主管承諾的目標結合，也必須投入最多的關注去處理。**

◢ 什麼事重要但急不得？但長期卻有助於目標達成！

隨著整個組織的規模和結構擴大，業務團隊的業績目標也不斷成長，雖然我仍然參與「商機開發與跟進」會議，但也沒辦法再跟進每一個案子，只能挑出金額與規模夠大的案子來關注。

同時我更發現，要讓團隊達成業績目標，不能只有我堅持這樣的運作模式，各級主管也必須具備相同的能力，了解商機開發的策略方法與檢討跟進的技巧，整個團隊才能夠有一致的步伐，朝著相同的方向加速運作。

因此，我定義了三件重要且急不得、但必須持續去做的事：

1. 落實年度業務策略發展及每季溝通修正。
2. 落實定期團隊教育訓練。
3. 落實定期市場資訊收集與分析。

這三件事很難有立竿見影的效果，卻會對業務團隊產生長期且重要的影響。

針對重要卻需要長期持續投入的基礎工作，主管需要建構制度，更需要紀律與耐心來耕耘，最終才能看見成果。

◢ 更重要，但也最容易忽略的事：人才發展！

當我持續往上升遷，到需要負責一家公司的營運成敗後，我深刻的體會到，專業經理人所需要的絕對不只是「專業」。一個企業的運作，需要太多不同的專業，想要橫跨這些不同專業、整合發揮最大的效益，更需要的是識人、用人的心胸和眼光。

相信大家都清楚「人才是企業最重要的資產」，但身為領導者卻最常忽略人才發展的任務，面對不適任的主管，可能鄉愿以對、缺乏當機立斷的勇氣，或是當我們面對變革時，總是會遷就現實、怯於為組織注入新血，這真的是許多主管在判斷重要與急迫的事情時，最常犯下的錯誤，實在值得經理人們引以為戒。

Part 5

學會反省自己、
你將擁有「應變力」！

主管必須有的三個自覺、可讓你免於陷入危機！

◢ 組織十大危險現象、一定要避免！

主管 Avian 審閱幾份要拿去投標的案件簡報，看著看著火氣越來越大，忍不住打電話給其中一個案子的負責同事：「Kelly，你不知道這個案子對公司下半年的業績很重要？」

Kelly 嘗試要說明，但 Avian 沒有給他機會解釋，非常武斷地說：「就照我剛剛告訴你的，把 A 廠牌的內容換掉、報價往下壓低 10%，重新做一份簡報來給我！」Kelly 無奈回應：「老闆你說的算，我今天下班前改好。」

隔兩週 Avian 把 Kelly 叫進辦公室，劈頭就罵：「案子竟然輸掉了？都怪你跟客戶訪談的時候沒弄清楚需求！客戶免費測試 A 廠的東西一段時間了，高層很喜歡 A 廠的視覺化介面，簡報沒有把這項產品整合進來，當然會輸啊！」

Kelly 不敢相信自己聽到的一切，心裡一陣委屈得暗自嘀咕：「不是你叫我把 A 廠牌的內容換掉嗎？現在把錯怪在我的頭上？」但嘴上卻說不出一句反駁的話，因為他知道越多的解釋與反駁，只會換來更多的責備而已。

沒多久，Kelly 跳槽去客戶端工作，之後所有擴增與採購的案子，不僅不給 Avian 團隊機會，還一律封殺該公司的提案。Avian 的團隊最終遭到公司裁撤，併入到其他部門。

◢ 主管應該具備的三個基本自覺！

許多帶人主管是因為工作表現優異才被晉升，但這不等同於具備帶人的能力與專業，單純靠職位賦予的權力來指揮，可能會導致團隊運作失敗。

企業在晉升基層主管的同時，應該衡量其團隊領導的經驗，適時給予應有的訓練與協助，新手主管也應該具備幾個基本的自我覺察和正確的態度：

1. 領導團隊並非站在成員之上、要他們服從你決定的一切，而是站在他們的前面、引導他們發揮專長向前邁進。

2. 擔任主管並不代表自己比團隊成員更優秀、或更值得被尊重。主管之所以被尊重不是因為職稱，而是因為你正確的領導且幫助了團隊成員。

3. 主管和團隊成員之間只有一線之隔，而差異就在於所有團隊成員（包括主管）都要為整個團隊目標努力，但主管還要為每位團隊成員的成敗負責。

身為主管，你要想方設法讓團隊的每個成員都能成功，整體成功率越高，就代表主管的績效越好，若是團隊表現參差不齊、流動率偏高、長期無法進步成長，最終不會是個別同仁的問題，而是歸責於主管的領導未能發揮效果。

◤ 組織的十大危險現象！

為了避免沒有及時了解同仁的問題而誤判，或沒能做出正確的領導，主管應該時時警惕並觀察組織中的各種現象，即時做出應有的反應與處置。

1. 同仁不再有不同的意見和看法：表示你可能過於強勢、或是不夠尊重團隊中不同的意見，致使團隊成員不敢或不願意說出真正的看法。

2. 同仁被授權，卻不敢自己做決定：表示你可能用的都是缺乏擔當的同事，或是你經常推翻其他人的決定，讓團隊成員不再願意自己決策，以免意見與你相左。

3. 團隊成員不再相互幫忙、彼此主動交換意見：表示你的領導並未驅動大家團隊合作，甚至是已形成惡性競爭，或是各自的派系與小圈圈。

4. 團隊有人在你面前說其他成員的壞話：你必須非常慎重地求證，不該立即做出反應，以免因錯誤訊息而做了錯誤的決定。

5. 團隊表現良好的成員陸續離開：你的團隊可能存在勞逸不均、同工不同酬的不公平現象，抑或是團隊中資源分配被壟斷或寡佔。

6. 團隊有明顯的公開對立、或不理性的對話：在會議上或是在你的面前發生無法就事論事、或用情緒性的言詞溝通，代表著你的領導缺乏威信且無法讓團隊成員信服，抑或團隊成員的惡性對立，你一直未能有效地解決。

7. **團隊新人留任率偏低、整體離職率偏高**：代表你的團隊對於新人缺乏有效的引導，沒能給予有吸引力的願景，抑或是團隊缺乏創新精神，致使新人不願留任。

8. **當團隊成員缺乏私下互動、非公務的交流**：代表主管對於團隊成員的影響力有限，團隊成員的組織向心力與情感支持度也不高。

9. **團隊成員不在乎犯錯**，或對公司規範不願意配合：代表公司政策的溝通不足，團隊成員對於目標與願景有錯誤的理解，但無力改變或抱怨只能消極抵制。

10. **主管不再反省自己、也缺乏耐心聆聽不同意見**：這代表前面九個危險現象將會迅速在你的組織中發生。

身為一位好的主管，最重要的工作就是驅動團隊能夠彼此互相合作，並且透過團隊的合作勾勒出大家都願意相信與努力的願景，同時集合大家的力量，一起為完成目標與達成願景而持續向前！

業績無法達成、團隊卻沒有急迫感！

◢ 為什麼你的部屬會缺少「狼性與拚勁」？

星期一早晨的會議室裡陣陣嘻笑，但主管 Allen 走進會議室的一瞬間，全數靜默。Allen 環視著在場的業務，發現每個人精神飽滿、似乎一夜好眠，不像他輾轉難眠，一早就頭痛欲裂、兩眼佈滿血絲。

會議開始後，Allen 對投影幕上低於 90% 的業績達成預估率並不意外，週末他就已經從助理的統計資料中看到了，他大感意外的是，團隊中似乎沒有任何人為此感到苦惱，好像達成率不佳、預估業績下修都是理所當然的事。

Allen 嚴肅地開口：「哪一個人可以告訴我，為什麼才隔 1 週、這個月的達成預估下修了近 10%？」大家面面相覷，沒人敢答腔。Allen 逐一點名：「Kevin 你說，你的預估數字有下修嗎？是什麼原因造成的？」

Kevin 回答：「是比前一週少了幾十萬沒錯。原因是 A 客戶的法務對我們的合約有意見，需要再做微調，來不及完成的下單作業會延到下個月！」

Allen 冷冷地說：「難道不能 push 得積極一點？合約要修什麼，趕快協調啊。」接著又點名：「Kelly 你呢？是不是也掉訂

單了？之前預估拿到的 B 客戶已經過了好幾個月，究竟下單了沒？」

Kelly 小聲回道：「老闆，對不起啦！訂單內容真的都談妥了，就卡在他們家總經理沒簽核，還沒正式下單給我們。我這個月業績預估有下修幾十萬，也是因為一個客戶的驗收資料來不及準備啦。」

Allen 的火氣快冒到頭頂，但他猶豫著該不該飆罵。去年在一次業務會議中發飆，好幾個業務被罵到覺得不受尊重、憤而離職，導致團隊出現人力缺口、花了一段時間才補齊。Allen 真的很苦惱，為什麼現在的業務這麼難帶、對於業績這麼缺乏急迫感呢？

◢ 為什麼業務人員會缺乏急迫感？

許多主管應該有相同的感慨，整個部門好像只有你擔心業績目標達成與否！團隊成員不僅缺乏部門目標的整體意識，就連個人目標是否達成也不覺得著急，難道是自己的管理不夠嚴格，還是業績獎金不夠有吸引力？為什麼成員就是一副無所謂的樣子？

其實主管可能誤解業務同仁了。他們並非不知道業績達成的重要性與急迫性，而是過去的成長環境和背景，多數未曾面臨過「別無選擇」、「破釜沈舟」的壓力。當壓力大到無法承受時，常見的作法不是自我突破與積極挑戰，而是選擇妥協或逃避，包括：找藉口與理由安慰自己，或是直接轉換跑道。

當然，我曾經合作過的同事也有不少積極、勇於任事的優秀人才，只要給他們機會，就能夠及時掌握、迅速學習和獲得成長。

◢ 職場三觀，決定了團隊的積極性！

如何避免用到心態不夠積極的員工？主管必須清楚知道組織需要的人才長什麼模樣，其中包括最基本的職場三觀：人生觀、價值觀、職涯觀。特別是前兩項，將根本性的影響他在職場的實際表現，千萬不要在面試時只評估對方的職場期望與計畫，而忽略了根本的人生態度是否與組織需求相符。

無論在哪家公司，都是由同仁的人生觀與價值觀決定了組織的樣貌。一個組織中多數成員樂觀開朗，團隊必然活力充沛；若多數成員都是正面思考、樂於接受挑戰，團隊必然能夠積極成長、突破現況。以此類推，若是多數成員的人生觀偏向負面思維，組織想要成功也很困難了。

◢ 培育團隊的「狼性」！

許多台商往來兩岸，常會討論到對岸的員工與台灣同仁的差異，最常用來比喻兩者之間的不同就是「狼性」，但又似乎有點將對岸員工的特質給污名化，似乎就是要不擇手段、追逐利益、缺乏人性，但事實上真是如此嗎？日前聽一位受跨國企業聘任、

長期在中國工作的高階經理人分享，讓我對於狼性有了新的理解。他所解讀的狼性具備以下的特質：

一、講究溝通與效率

狼透過調整嚎叫聲傳遞訊息、表達情緒或是警告，充分溝通使團隊保持同步與高效率。因此，團隊中的每個人都應該勇於表達意見、及時反應看法，而不該視為搶他人的風頭，或是與成員對立。

二、團隊合作與友誼

狼群完成任務最有效的方法是相互分擔工作。因為單獨獵捕或是互相對抗，將使得牠們一事無成，但團隊合作能夠讓大家飽餐一頓、獲致成功。

三、忠誠與團隊優先

狼群會將團隊放在第一優先，每隻狼了解自己的位置、遵守規則並且忠於這個群體，即使犧牲自己也會不惜一切代價保護家人，他們共同努力實現的目標就是使群體受益。

四、努力工作也盡情玩樂

狼每天可以旅行 30 英里尋找獵物。為了生存必須辛苦擴大獵場的覆蓋區域，經常為了生存而血戰，但他們也會藉機找些樂子。

五、本能與保護

如果狼或是牠們的親人受到威脅，狼會立即變得暴力。牠們非常保護自己的幼崽、群體成員和自己的領域。平時避免戰鬥，但遭遇攻擊也會堅守陣地，這也是強烈責任感的本能表現。

◢ 好的團隊 = 三觀一致 + 分工和溝通明確！

從根本上來說，如果任用組織成員的過程，沒有過濾與要求基本特質，很難建構如前文所述具備狼性特徵的團隊。而且，即使建構一個基本人格特質優秀的團隊，仍必須從組織運作、分工制度上持續堅持，落實團隊合作與透明溝通，不斷地磨合與淬鍊，才能真正建立起一個良好的組織文化，使得團隊更積極、更團結，也更能因應未來的挑戰。

你是團隊的教練？或只是個救援投手？

◢ 員工出了錯、身為主管的你總是在幫忙收拾嗎？

LINE 群組已經為了 Hanson 的情緒性回覆吵翻了！身為主管的 Nancy，實在不知道該不該幫忙協調，畢竟 Hanson 一次次的情緒失控，讓群組裡的成員都難再接受 Nancy 的解釋和調停。

明明是為了方便掌握最即時的專案進度，Nancy 才建了群組、邀所有專案成員加入，並期待從中觀察 Hanson 的領導方式，確保專案可以順利完成。Hanson 一開始積極安排許多工作，但當專案遇到時程延宕就情緒失控，一下在群組威脅承包商要罰款或解約，搞得承包商乾脆主動提出不想繼續承攬，Nancy 擔心臨時找不到人手，只得拉下臉來道歉，請承包商包容 Hanson 在專案壓力下的情緒性發言。

但沒想到 Hanson 卻接著喊：「身為主管，你竟然不挺我！那以後要怎麼要求承包商呢？我做不了這個專案經理，你找人來接我這個工作吧！」

Nancy 又只好安撫著：「我明白你的辛苦啦，但這個專案要換人執行，時程來不及，我會跟公司爭取專案津貼給你，下個案

子換承包商，這樣可以吧！」迫不得已的安撫，卻讓 Hanson 不覺得自己有任何錯誤，反而變本加厲地對其他專案成員發洩情緒，Nancy 必須不斷地跳進來收拾殘局……。

◢ 用到有「水蜜桃族」特質的員工怎麼辦？

過去大家將缺乏抗壓能力的員工稱為「草莓族」，暗喻外表看似美觀但卻容易受傷、難堪大用。現在職場出現新的族群被稱為「水蜜桃族」：和草莓一樣不具備抗壓能力，還非常堅持自我的主觀意識，因為他有一個非常堅硬的果核。

坦白說，沒有真正共事過，真的不容易判斷每個求職者、團隊成員的特質如何，特別是面對年輕或基層的同仁，原有工作經歷也不多，較難判斷人格特質與工作態度。

因此當主管發現任用的同仁具有前述的水蜜桃族特質時，要清楚這是個性與工作態度上的根本問題，你無法做過多協助，必須狠下心來讓他面對壓力與現實，認清自己的缺點和應該要改善的地方，否則他永遠無法成長。

若是主管選擇容忍，或是顧及他的自尊而不願要求，反而會誤導了同仁，耽誤他在職場的前途。當他最終因個性問題遭遇重大挫折，先前沒有及早教育的主管，反而成了最大幫兇。

◢ 同仁出錯要教會，不能只靠主管補位！

主管應該包容錯誤、避免情緒性指責，但絕不能放任員工的

錯誤一而再、再而三地發生，因此面對員工犯錯時，建議主管參考以下幾個作法：

1. 避免在公開場合指出同仁的錯誤。採取一對一的方式清楚地告知，務必將其錯誤的關鍵原因說明清楚。

2. 如果同仁並非第一次發生錯誤，先前已經糾正過，就必須增強嚴肅程度，切勿因為已經糾正過，就輕忽相同的問題。

3. 儘可能提出對照的參考，讓同仁理解自己的錯誤與其他人的差異，避免僅只是用籠統的感覺來描述他的錯誤，例如：「我覺得這樣很不好」、或是「大家都感覺你這樣不對」等，而是要具體說明為什麼不對、應該怎麼做才對。

4. 當同仁依照建議做出改善，主管必須即時且正面地給予他鼓勵與肯定，清楚讓他知道哪裡進步了、什麼事情做得比之前好。

總體而言，無論哪個世代都是從年輕衝動到成熟穩重，在領導團隊時，主管該思考用什麼樣方法來處理，才能協助同仁從錯誤中學習並成長，而不是因為鄉愿的心態或是不願意當壞人，就置之不理。這樣不僅同仁難以成長，更會使團隊無法順利運作，也無法完成公司交付的任務，真的不可不慎！

形式主義的管理方式、已經落伍了！

▲ 穩定性 vs 開創性，員工哪一種特質比較重要？

Alan 默默地坐在自己的座位上盯著電腦螢幕發呆，雖然下班時間早已過了、辦公室裡許多同事也都下班了，但是他並沒有打算離開，因為老闆 Mark 房間的燈還亮著，他不想讓老闆覺得自己工作很輕鬆，早早就可以下班。

但是 Mark 在自己的房間裡卻在醞釀著另一種不同的想法。因為 Alan 雖然看似遵守公司的規定，早到晚走、鮮少請假、也都能配合加班，但是他仗著自己在公司已經十幾年，總是告訴大家：「唉呀～你們不懂啦！這個公司就是這樣的，急也沒用，沒有總經理點頭，這些事都是瞎忙啦！」更常對年輕業務說：「喔！這個行業我很清楚啊，新的方法不見得有用啦，都是十幾年的老客戶了，不會說換就換的啦！」

Mark 多次指派 Alan 去參加外訓課程，但每一次他都是請假次數多過到課時數，害得自己被老闆念：「真是浪費公司資源！」甚至要轉調他到新成立的 team 嘗試接觸新的業務，最後

也都因為融入新單位的狀況不佳而作罷。這使得 Mark 非常頭痛，不知道應該怎麼解決。

因為若是淘汰掉 Alan，公司要花一大筆資遣費，而且市場上找人不容易，要找到和 Alan 一樣的熟手，可能也不是一時半刻的事；但是不做任何改變，Alan 也讓團隊學習、進步的意願持續降低，這讓 Mark 就在兩難之間猶豫不決。

◢ 冗員不是生產力！形式主義會扼殺創意！

很多主管常會因為「多一個人手，總比沒人可用來得好」的想法，而讓不適任或是對組織已經產生負面影響的人，持續留在原工作上。其實，這不僅沒有提升組織的生產力，反而會對組織造成莫大的傷害。尤其是對一個組織的進步而言，缺乏公平性的資源虛耗，是對於辛勤為團隊付出者最大的信心打擊，身為主管一定要引以為戒。

要讓企業持續在正向的思維中成長、獲利，維持員工的熱情非常關鍵。無論是對產業的未來發展、企業的成長目標、員工在組織中的職涯機會等，都會影響到同仁對於組織的認同與投入。所以如果只關注「人均效能」（average productivity）的持續提升，而陷入只在意員工是否遵守公司規範的迷失中，那麼「齊頭式的平等」及「形式主義的服從」，將會迅速地侵蝕掉員工的創新意願，而不再追求超越與突破。

◢ 組織需要的不只是進步，而是進化！

過去我們希望推動組織進步，是在既有的基礎上設法使員工能力提升、或是讓員工的觀念能跟上新的趨勢。這樣的思維有一個基本的考量：維持組織的穩定性。因為過高的員工離職率（employees turnover rate）就是組織投資的浪費和「即戰力」的損失，但正因為對於人才的培育是需要長期的投資，所以一旦人才訓練都只聚焦技能的提升，而不是「策略思考能力」的提升及「態度思維」的改變，那麼只能達到技能的「進步」，而無法形成組織轉型所需要的「進化」。

因應數位科技所帶來的快速轉變，只是進步未必能夠讓組織跟上變化的腳步，我們需要人才進化成為新的物種，才能夠滿足未來的需要。

而進化與進步最大的不同，在於「進步」仍在原有的模式與思維上對執行的方法精進和改善，「進化」則是有了新的 DNA，能跳脫既有的窠臼，勇於拋棄自己成功的過去，學習新的能力與觀念。

◢ 從改變 DNA 開始進化！

一個會持續進化的組織，必然是有一位願意率先進化的領導人，所以企業晉用具備進化特質的主管，就是為組織的 DNA 做了第一步的改變。而什麼樣的人具備進化特質呢？下列幾個觀察重點可以提供參考：

1. **學習**：持續對新的事物保持關注，並且願意接受新的知識與方法

2. **熱情**：總是保持正面思考的態度，願意接受任何挑戰且不會輕言放棄。

3. **勇敢**：面對權威可從容以對，可以清楚且即時地表達自己正確的看法。

4. **誠實**：不會一味堅持自己的立場，能夠理性溝通且坦然接受他人的指正。

5. **樂群**：喜歡與人相處及群體活動，對於組織的公眾事務能積極參與。

除了讓組織中具備上列特質的人能夠被賦予責任、帶領團隊以外，更要鼓勵組織成員勇於提出自己的看法、嘗試新的可能，才不會輕易地陷入「慣性的陷阱」（Business As Usual trap，BAU trap）。

而且，對產業中值得學習的領先者、或是新崛起的後進業者，都必須持續積極觀察和不斷觀摩學習，唯有不落人後的挑戰自我，組織的進化性格與文化，才能逐步的被建立起來。

你該站在員工的前面、或是躲到後面？

◤ 主管不能總是高高在上、站對地方團隊才會有動力！

「Merry，你立刻到我辦公室來！」Jason 的口中爆出怒氣，因為他看到總經理發給他的 mail，對 Merry 提出的一份分析報告說：「研發部門目前仍缺乏足夠的能量，可能無法自行完成下一代產品的開發……。」請 Jason 儘快確認並加速提出計畫該如何突破現有的困境。

但 Jason 非常生氣，他覺得 Merry 是越級報告，為什麼在分析中提到他部門的能力有問題，卻沒有先知會他這個部門主管呢？讓他在老闆面前非常沒有面子，甚至讓老闆覺得他有欺上壓下的嫌疑。

但事實上，在 Jason 的部門裡，每一份給出去的報告都需要經過他的審閱，誰要是沒有經過他的同意就答應其他部門任何事、或是跟上級單位報告，一定都會被 Jason 嚴厲斥責、要求不得再犯。而這一次的報告內容，其實是 Jason 自己授意 Merry 在內容中凸顯研發部目前資源不夠，希望能夠藉此爭取公司更多的支援。但報告在呈送出去之前，Jason 自己沒有細看，再加上老

闆也沒完全理解分析的內容,以致於形成了各自解讀的誤差,最後又變成 Merry 遭受池魚之殃。

儘管許多企業高舉轉型的趨勢大旗,但是組織中的管理制度與領導團隊的思維如果沒有變革,即使科技進步促使工具都改變了,最終這個組織的行為與效率仍舊無法發揮轉型的效果。

因此,組織的創新與進步,不能只是喊出「數位轉型」的口號,或是大張旗鼓地引進新的數位化工具、開發新的 App、架設新的網站、推動社群行銷……,**更重要的是將組織的創新思維,成為可以落實於整個組織的基本態度。而要達成此目標,第一個必須改變的就是管理階層的思維調整。**

◢ 員工不敢說真話的組織、不會進步!

每一個人都喜歡聽「好話」,但好話卻不見得是「實話」!主管也不例外,當然喜歡聽到正面的訊息、喜歡聽到屬下認同他的意見、喜歡老闆肯定自己。但是真實的組織運作中,不會事事都順心、更不可能不遭遇困難和挑戰,更多時候必須做出困難的抉擇及取捨。此時,如果得到的不是正確資訊及真誠建議,很可能導致嚴重的後果。

另一方面,畢竟一個人的思慮與創意是有限的,唯有集眾人的創新與創意才有最大的可能。因此,要發揮團隊的創新熱情,就必須讓團隊先具備有願意主動貢獻創新想法的環境。

　　會讓同仁不願意說真話，多數都是肇因於主管的管理風格，而且多數時候，這些讓人不願意說真話的主管，不容易察覺到他的行為已經造成這樣的影響。尤其下列四種行為，擔任主管的人，應該引以為戒、避免再犯：

一、情緒化的溝通

　　擔任主管的人應該切記：你不希望別人如何對待你，那麼你也不要用那樣的方式對待你的部屬。

　　特別是不要因為自己的疏忽，而將錯誤遷怒到其他人身上，這將會徹底地將同仁對主管的尊重破壞殆盡。因為負面情緒及非理性的言辭和語氣，不僅無助於達成溝通的目的，更會完全扼殺同仁表達真實看法的意願。

二、缺乏聆聽的耐性

　　很多主管都習慣在溝通的開始，就先將自己的立場與想法擺在其他人發言之前。無論是因為想要提高溝通的效率，或是確實貫徹自己的想法，但這樣的習慣，都會造成大家只會儘量順著你的想法提意見，而無法聽到同仁真正的看法。

　　而且，有這樣習慣的主管，通常也缺乏聆聽其他人說話的耐性，甚至習慣性打斷別人的發言。這都會讓和你溝通的對象感覺到不被尊重，進而也降低對你的尊重、不願意提出自己的看法。

三、吝嗇給予肯定

人類行為中非常重要的一個激勵因子，就是「成就感」，然而工作中的成就感，最直接的絕對是來自於自己主管的肯定與讚美。由此可知、為什麼會有因為得到他人的賞識，而產生「士為知己者死」的衝動與激昂情緒。

所以，擔任主管的人不應該輕忽給予同仁適時鼓勵的重要性，尤其是在同仁提出好的意見、或是提出具有價值的看法時，應該要及時地給予肯定或是公開的認同，讓同仁能夠在這些表現上獲得成就感；反之，你越是吝於給予肯定，則越不會有人願意與你分享他的真實想法。

四、不願意承擔責任與風險

每一個人都期望自己的主管是位「有肩膀」的老闆，但是當你擔任主管後，是否也懂得該如何擔負起該有的責任？

企業成長與組織發展過程不僅有順境，更有無數的逆境在等著我們克服，因此，團隊運作與執行上不可能沒有挫折、不會出錯，更不可能沒有風險。

一個好的主管，能讓屬下為他知無不言、言無不盡，並且能夠盡全力去拚搏，就是因為這個主管能夠為自己的決策負責、能包容可能的錯誤、承擔一切的風險，並且願意給予機會讓部屬學習成長。如果你不願意擔負這樣的責任與風險，又如何能夠期望有誰願意無私的奉獻呢？

◢ 主管應該在團隊的上面、前面，或是後面？

　　一個團隊的熱情、創新動機、學習動能等，絕大部分的影響來自於領導團隊的主管，所以主管要清楚知道自己的角色並非像組織圖一般，將自己放在所有同仁的「上面」，就可以隨心所欲地依照自己的慣性做事。

　　其實，更多的時候你必須走在團隊的「前面」，為大家帶領方向；或是在遭遇挑戰與困難的時候，你要及時地回防在團隊的「後面」，幫大家找資源、當團隊的支援。

　　千萬不要忘記：擔任主管的每一天都是一個學習，因為，只有你自己不斷地進步，你的團隊也才會隨之進步。

Part 6

放下身段、
向年輕世代學「創新力」！

你知道同事私下怎麼稱呼你嗎？

◢ 千萬別成為部屬討厭的豬隊友！

　　Allen 正陪著業務在客戶公司做簡報，突然手機不斷震動，他看了一下來電顯示，但卻沒有接聽。隔了 3 分鐘手機再次震了起來，這時正是和客戶討論價格的關鍵時刻，他仍然沒有接起電話。就這樣，電話反覆震動了不知多少次。終於會議結束 Allen 走出客戶公司大門後，立刻拿出手機，他知道 Elisa 剛剛撥了近十通電話給他，所以立即回撥。

　　電話一接通，他馬上說：「老闆，抱歉！剛剛因為正在跟客戶簡報，所以不方便接聽您的電話！」

　　電話另一端傳來 Elisa 冷峻又嚴厲的回應：「真的有這麼巧啊？我一打電話給你，你就有客戶可以拜訪了喔？那為什麼上個月你團隊的業績還是沒達到 100% 啊？」

　　這一陣官腔，嗆得 Allen 忙著回答：「老闆真的很抱歉，就是因為業績有點落後，所以我才加緊跟著業務出來拜訪客戶，不知道您急著找我有什麼事嗎？」

　　Elisa：「總經理今天早上會議時問我下一季業績預估，我要你今天下班前交出一版新的預估，並且回來公司跟我說明，我明天一早就回覆老闆的問題。」

Allen：「老闆，我們下一季預估上週才剛提出，才過了不到1個禮拜，應該不會有新的調整呀！」

Allen 沒預料到，Elisa 竟然回答：「我看過了你們上禮拜的預估，太保守了！不管你怎麼做，第二季末一定要超過原本的預估達成率，要讓總經裡不要再來煩我這件事！」

掛上電話後，Allen 心中一陣涼、頭皮一陣發麻！想到自己的業務團隊每次有支援的需求，Elisa 就是這幾句話：「你有什麼想法呢？」、「可以先自己嘗試去解決啊！」、「你要學著發揮經理的功能自己去溝通啊！」但只要大老闆一個關切或指示，不管業務或是他這個經理再忙，都要隨傳隨到，協助 Elisa 準備資料或簡報……，Allen 想到這裡，真的覺得好無奈。

Elisa 是真的想把事情做好？還是只想應付好大老闆？他不得不為公司的業績達成率感到擔心，真不知該怎麼辦才好。

◢ 你是否也覺得「老闆很豬頭」？

我的職場經歷，從基層一路晉升至經營管理的高層，年輕時也曾與許多同事一起在茶餘飯後評論自己的主管，包括決策方式、做事風格、領導能力……，多數時候、多數人對於主管的評價總是負面多於正面，而且越是基層同仁，對高階主管持負面評價的比例就越高。簡單來說：多數基層的同事會覺得高階主管「很豬頭」。

　　原因其實很簡單，公司的「目標要求」、「政策規範」多數是經由主管層層向下交付與執行，凡是有疑慮或反彈、而基層主管解釋不清楚就一律推說是高層的決策，所以，越高層的主管需要涵蓋的範圍越廣，所以概括承受的責任與員工期待也越多。當你無法面面俱到，或無法透過所屬帶人主管有效向下溝通時，這種因為不了解而產生的負面情緒與影響，就很自然的會在組織中形成一種影響士氣的氛圍。

▲ 中階幹部應該是「教練」而不是「傳聲筒」！

　　如果你是帶領著基層同仁在前端執行工作，扮演基層或是中階主管的角色，就必須確認每一位同仁都能在工作上做出最好的發揮，具備適任能力，同時認同公司的政策與大方向。因為只有這樣，同仁才能在工作產生成就感，而你的團隊也才能產生績效，並達成公司要求的目標。

　　中階主管作為基層與公司之間的第一層溝通橋樑，必須充分發揮執行的效能，強調工作的成果的有效性與達成率。對於基層同仁而言，這一層的主管就是他們在職場上的「教練」，隨時可以給與他們指導和及時的反饋。

　　而一位好的教練不能只是將球隊的目標分配給下屬，而應該要將整體的戰略與戰術應用執行的方法告訴大家，根據團隊執行的狀況再與公司溝通與修正，而非只是單向傳達命令與指示。

　　因此，一個好的中堅幹部，不會隨著團隊一起抱怨政策，或是因不了解策略而產生困惑，而會主動嘗試尋求協助、深入了解策略的真正意涵，並且主動和團隊溝通。即使遇到上一層主管未能及時發揮支持的功能，也能鍥而不捨地為團隊解決問題，以求達成目標。

◢ 高階主管應該是「領航者」和「支持者」！

　　作為一個團隊的高階主管，轄下會有一層以上帶人主管，而非直接帶領基層同事，你必須善盡教育與協助領導的責任，讓你的下屬主管學習與發揮團隊溝通能力，並且盡可能讓自己成為下屬主管的學習對象，特別是在公司策略這類大方向的溝通上。高階主管要給予中階主管充分的說明和及時的解惑，以避免因為不夠了解而使得整個團隊方向錯誤、執行不力。

　　當團隊遭遇困境或需要資源協助時，高階主管就是扮演中階幹部的最佳後援，讓團隊的每一位中階幹部、每一位在前線衝刺的同仁都可以感受到你的同理心和堅定的支持。

　　具體來說，無論組織中的哪一層主管，最核心的價值與功能都是凝聚團隊共識、協助團隊達成公司的目標，當主管無法將自己的功能充分發揮，企業應該及時做出應有的處理，否則這個團隊的效能不只無法發揮，還會因為不適任的主管而破壞了組織的公平價值，進而影響到整個組織的有效運作。

　　一個成功的企業，首要工作就是建構一個重視效能的團隊文化，不斷要求每層主管確實做到其應扮演的角色，發揮其應有的功能。

想要防著員工、其實防不勝防！

◢ 害怕業務跳槽而綁手綁腳、還不如專注創造差異！

Rex 怯生生地敲了敲門：「我可以請教一個問題嗎？」雖然不是很想被打擾，但 Morgan 還是勉強抬起頭：「什麼問題？進來說吧！」

Rex：「老闆，ABC 公司的承辦人一直改規格，上禮拜才談妥的內容，剛又打電話說要改，能不能麻煩您幫我看一下這個規格建議書，我真的被搞到不知道該怎麼辦才好了。想要問您，過去是怎麼搞定這個客戶的？」

Morgan：「唉呀！這是我們的老客戶了！那個承辦人習性就是這樣啦，你就是要陪他做功課，規格你不必給我看了，再陪他改個一、兩次。如果還搞不定，我再陪你去跟客戶溝通吧！」

Rex 心裡很不踏實地走出了 Morgan 的辦公室。他覺得老闆並沒有真的幫到他，還讓他有一點「被提防」的感覺，但他又不敢說出口。

辦公室門後，Morgan 則在心裡盤算著：自己該在什麼時候直接聯絡一下 ABC 公司的承辦人，把客戶的期望和要求釐清，以免這個客戶的單不小心就掉了。

幾年前，Morgan 也曾有過慘痛經驗，他將自己的客戶交給手下業務處理，無私地將客戶的關鍵資訊都告訴屬下，但最後這個業務人員卻跳槽出走，而且把客戶一併帶走。

那次事件，在 Morgan 心裡蒙上陰影。一朝被蛇咬、十年怕草繩，他開始用不同的態度面對屬下，但手下業務流動率也跟著上升。Morgan 自己忙得跟無頭蒼蠅一樣，團隊無法持續成長與擴大，讓他不知道該怎麼辦才好。

◢ 缺乏差異化：業務跳槽的現象不會改變！

商業競爭中，透過「挖角」來加速業績成長，和企業透過「購併」競爭對手來彎道超車，是一樣的道理。我們無法阻止競爭對手採取這樣的方法，我們能做的只有加速自己的進步做出差異化，產品、服務、人才培訓、生產效能、行政效率……都能夠創造差異。

唯有公司競爭力足夠，才能讓同仁相信留下來是最好的選擇，不會只是學會了想學的東西、得到了想要的資訊就離開。

事實上，很多產業都具有高度同質競爭的特性，或是同品牌、同功能、價格透明且通路重疊性極高，最典型的像是：電信門市通路、SI 網通產品代理、電腦作業軟體授權代理等。這些產業中，產品與銷售模式幾乎沒有差異，所以競爭對手間業務人員的流動幾乎已成了常態。

要防堵業務跳槽，完全不可能。但要想有效提升團隊的業務留任率、強化團隊向心力，同時保持應有獲利，就是各家公司在不同構面的差異化能力了。

◢ 提升「組織能力」才是關鍵！

越是競爭激烈的產業，能夠創造的差異化空間越是狹小。所以，雖然差異化有其必要性，但更重要的是組織成員的平均素質與能力。

當人的素質提高，其效率才有可能提升，錯誤發生的機率將會降低，成本與虛耗也會隨之下降。如此一來，公司競爭力自然提高，獲利會比其他競爭者高，能夠改善福利與創造願景的想像空間才會產生，人才的留任意願也會因此提高。

那麼，為了避免人員跳槽產生風險，主管究竟應不應該在帶領團隊時（尤其是業務團隊），對於必要的資訊，或是關鍵方法技巧有所保留呢？我認為，應該在管理機制下，讓負責同仁知悉特定客戶資訊，例如：客戶的交易紀錄、售後服務狀況、客戶 profile 及 call report record。而與客戶之間的客情掌握，則可以循序漸進，視同仁狀況給予協助，例如：關鍵決策者的偏好、習性與聯絡管道，客戶高層的互動與相關聯繫等。

簡單地說，主管應該要充分且即時給予同仁協助，但自己也要同步經營重要客戶的關鍵客情。除此以外，要提升組織能力，兼顧降低跳槽的風險，有下列幾個關鍵觀念要提醒：

一、教方法 vs 給資訊

業務人員之所以能夠獨當一面，用正確方法服務客戶，絕不能只有客戶關係的維繫，而沒有產品或其他方面的專業。因此，主管在帶領業務衝刺業績的過程中，雖然壓力大、要求快，但也要求「好」。主管要有耐心教導同仁「過程」與「方法」，而不是一昧強調「結果」和「客情」。

別直接提供你的分析結果，而是要教業務人員，如何分析規格與價格，如何運用方法 call high。非到最後關頭，別自己出面約客戶。

二、你教他壞，就別怪他學壞

業務主管常因業績壓力，尋思一些變通方法。這些方法若是沒有違背公司政策、影響公司利益，多數時候不會構成大問題。但也有業務主管，因為頂不住壓力而妥協，在應該遵守的規範上堅持不住，即使有損公司利益也冒險去做。

在這樣的情況下，手下的業務看在眼裡，當然會將「為達目的不擇手段」視為正常。對公司的忠誠度自然降低，一切以達成個人業績目標及領到高額獎金為優先。如此，我們又如何期待這個組織對公司能有幫助，甚至留住人才呢？

三、優秀的團隊，不怕人才流失

千萬不要因為害怕下屬比你優秀，就不敢任用、不願教他。

身為主管，只有當你的團隊比別人的團隊優秀時，你才能夠持續不斷往上提升，更不用擔心下屬離開團隊會有所影響。

沒有哪個傑出的團隊永遠沒有人才流動（無論流進或流出），只要組織氛圍是團隊優先，能夠相互幫助與學習，即使有團隊成員離開，那也會是你團隊力量的擴散和延伸，而不會是力量的削減或抵消。**與其擔心屬下跳槽或是挖走客戶，還不如持續努力建立團隊的協作關係，強化團隊的能力。**

總結而言，一位優秀的主管或是一個傑出的團隊，必然會持續不斷學習與成長。正面的思維與給予團隊成員應有的教導，是一個稱職主管該有的責任，也是帶領團隊最好的方法。千萬不要忽略了主管該負的職責，而將自己陷於害怕被取代或是負面損失的陷阱中。

跟網路 KOL 學習、如何領導年輕世代！

◢ 抓住時代趨勢與脈動、讓年輕人更能充分發揮！

「喂？老闆你聽得到我的聲音嗎？」

「這個資料我已經是依照你的意思改了。」

「不好意思，我家這附近網路訊號不好！」

「我再仔細看一下你給我的 mail ！」

「噢，好的，我待會立刻回你 mail。」

「抱歉，我真的不知道這件事情你很急。」

「對不起啦……老闆我會改進的，我立刻去查一下資料再跟你報告。」

Amy 只聽見電話另一端的 Kelly 不斷抱歉、解釋，但他完全不想耐心聽 Kelly 說話。他覺得 Kelly 就是個被動的傢伙，只要不盯著一定會遲交報告，明知自己家網路訊號不好，還要申請 WFH，搞得每次視訊會議斷斷續續沒法一次講清楚，真是一把無名火要湧上來！

他還想，當初錄用 Kelly 的時候，雖然經歷不完全符合職缺要求，但看起來蠻能吃苦，想說進來再好好培養。沒想到自己看走眼了，真是越想越氣！

　　但另一端的 Kelly，心裡也是滿滿的不爽和盤算，想著該在什麼時候丟出辭職信。他覺得，Amy 這個老闆真的太機車了。當初面試的時候，公司非常缺人，Amy 還說：「沒太多經驗也沒關係，公司會給教育訓練及學習的時間，可以跟著主管邊做邊學。」沒想到，Amy 就是個愛吹毛求疵、缺乏耐性的磨人精，教育訓練和邊做邊學的彈性，竟然就是得忍受 Amy 的偏執和刁難！真後悔當初選擇相信他的話，早知道就去當初應聘的另一家公司上班。

◢ 「魔鬼班長」真能帶出好團隊？

　　「嚴師出高徒」是許多人深信不疑的帶人方法，尤其是本身也被嚴格老闆帶過的人，自己當了別人的老闆，自然就會將親身經驗奉為圭臬，將其發揚光大傳承下去。

　　如同軍教片最常出現的標準劇本，「魔鬼班長」好像一定是面惡心善，一定要用盡方法折磨新兵，才能達成教育訓練的目的。但在真實職場中，我們早已無法再喊出「合理的要求是訓練，不合理的要求是磨練」這類口號。要讓團隊持續向前、讓同仁自動自發地發揮所長，主管應該避免犯下因舊思維而產生的錯誤。

　　我的職涯中也和許多位主管共事過，雖然每為老闆的個性都不同，但要求卻都非常嚴格。有人看似親切和善，但做事嚴謹、一絲不苟；有人熱情洋溢，但卻個性急躁、脾氣難控制；更有人

聰明絕頂，但對屬下要求極高，表現稍有不如預期，就會被嚴厲糾正。

　　我非常感恩自己曾經與許多傑出的主管共事，但也曾因不被尊重，而感到十分受傷，因此對主管給我的一些建議，無法放下情緒全盤接受。還好事後我能從情緒中走出來，持續嘗試從他們的身上學習優點，並將主管們的缺點或錯誤引為警惕。但坦白說，我相信一定有很多人會因為與主管的不愉快相處，而錯失許多成長和學習的機會。

　　我最關鍵的一個體悟就是：**身為主管千萬不要犯下「自覺與慣性」的錯誤。所謂自覺與慣性就是：堅持自我的感覺，和因習慣產生的脾性。許多主管會陷入這兩種情況而不自知，最終讓自己的領導，成為團隊成員的心理負擔。**

◢ 新世代，需要新的領導方法！

　　很多主管會將自己「被訓練」的方法，套用在下屬身上。當然，只要學習內容能與時俱進，這是沒有問題的。但是千萬不要認為，自己過去受過的委屈、不理性的要求，今天的年輕人也會和多年前的你一樣，默默接受。

　　主管要避免被舊的思維和慣性給限制。但究竟，在面對新世代的團隊成員時，應該採取什麼樣的方式來領導團隊呢？有幾個觀念改變與建議提供給大家參考：

1. **新世代的組織運作，需要的不是齊頭式平等，而是讓每個成員都能發揮其最大潛能。** 主管應該做的是看見同仁優點，善用同仁專長，使其能夠發揮所長，而不是試圖讓每一個屬下都照著你習慣的標準，用相同的方法，做一樣的事。

2. **新世代的組織是一種共創的生態，組織運作就像一齣戲劇，需要各種角色各自發揮。** 主管就像這齣戲劇的導演，要能引導演員投入情感，要掌握整齣戲的張力與節奏，而非示範每個角色的表演方式讓演員模仿。

3. **新世代的組織，「社群認同」和「組織紀律」相同重要。** 主管要能夠像是一個遊戲戰隊的隊友，或是一個粉絲專頁的意見領袖，為組織創造共同目標與共識，搭配組織的規範，才更能有效地執行。

具體地說，過去，我們以為自己和父母輩之間的「世代隔閡」，是由 25 至 30 歲的年齡差異所組成。但在網路和資訊速度加快的情況下，世代隔閡的形成時間正在縮短，現在幾乎 3 到 5 年就是一個新的世代。每個世代可能有不一樣的社群工具流行。

我們沒辦法跟上最新的流行，但我們必須不斷調整心態，嘗試了解這些趨勢的存在與價值。唯有如此，我們才能夠真正有效地領導這一群由新世代組成的團隊。

錢給夠了、為什麼還留不住人？

◢ 千萬別用錢留人、留不成還會造成大麻煩！

兩週前，Hanson 和 May 在電梯口不期而遇，眼神間帶著一絲不安和訝異，沒想到，這時老闆 Ken 也走來等電梯，還開口問道：「你們兩個人要一起出去嗎？」Hanson 連忙否認：「沒有啊！我是要去客戶那裡做結案簡報，和 May 沒有關係。」May 則一臉尷尬，似乎覺得 Hanson 撇得太急了點，覥覥地點了點頭。

事隔兩週，Ken 同時收到 Hanson 和 May 提出的辭呈，他才豁然驚覺：原來兩人當時是約好了一起去另一家競業面試，取得正式錄取通知後，便雙雙提出離職申請。自己不僅沒有及時發現，更摸不清頭緒，自己是哪裡做得不對？為什麼團隊成員總是留不住？甚至會互相串聯離開？

只見 Ken 急忙把 Hanson 找進辦公室，Hanson 一走進來就表態：「老闆，我的層級沒有達到要簽競業限制的標準，我沒有違反公司的規範喔！」

Ken 和緩地說：「我不是要質疑你，只是想和你聊一下，為什麼想離開？目前的工作哪裡讓你覺得不好？有沒有我們可以改善的？」

Hanson 顯然卸下了心房：「老闆，坦白說，接下來會提離職的應該不只我們兩個，你可能要有心理準備。」

Hanson 接著娓娓說出了一連串他想要離開現職的原因，Ken 這才發覺：自己並不了解團隊成員心裡的真正想法。

雖然他每次都會花非常長的時間和成員溝通，但回想起來，多數時間都是自己在說，或是同仁提一個問題，他就不厭其煩地重複述說自己的想法與要求，卻沒有真正細問過同仁的看法和期望。等到團隊成員迎來離職潮，他才發現，他們根本沒有聽進自己的想法，也沒有真正接受。

◢ 為什麼你的團隊留不住人？

我們接到部屬提出離職的時候，第一個直覺反應會是什麼？其實大多數主管，第一個想法都是：要留？或不留？其次才是：為什麼同仁想要離開？

但根據研究統計顯示，當員工正式跟主管提出離職要求後，其中超過七成會依原計畫離開，另外兩成會拖延一段時間，只有不到一成的人會恢復到穩定在原公司服務的狀態。

所以，比起考慮要不要留這一位同仁，更重要的是找出他真正想要離開的原因，釐清這些原因會不會是造成團隊無以為繼的重大影響，同時要立即採取應有的措施改善。

當然，許多主管會面臨的挑戰是，離職同仁大多不願說出離開的真正原因，但是我們千萬不能夠因為這樣，就像是將頭埋進沙土裡的駝鳥一樣，忽視了真正的問題。因為沒有找出根本的問題，你帶領的團隊會持續不斷重複發生相同的狀況，最後導致整個團隊瓦解。

◢ 除了錢沒給到位，還有什麼原因留不住人？

　　若是人想走你才要加錢給他，你將會面臨的兩難是：組織其他人是否也要一視同仁地加薪？不給的話，可能會變成會吵的孩子有糖吃的不公平現象。因此，提出離職才做的調薪動作，既危險又未必有效。更應該關注的問題是：除了錢沒給到位之外，究竟員工的心受了什麼委屈？

　　追究員工離職的心理層面因素，可以明確地歸類出以下的幾個關鍵：

一、工作內容與自己的期望不符

　　會造成這樣的認知差異，有很大的可能是因為公司的用人單位在招聘的階段，就沒有確實或誠實載明工作內容與要求，如果再加上招募過程缺乏有效的過濾，任由用人單位主導，很容易就會因為急於招到人，刻意忽略彼此之間的期望落差。

　　要解決這樣的問題，就必須從用人單位的主管落實提出「工作說明書」（Job Description，JD），HR 事先審查 JD，並在面試時協助誠實告知應徵者工作內容，才能夠有效防範發生這樣的狀況重複發生。用人主管應該也要有這樣的認知：「把人找進來、先補足人力缺口再說」，這樣的作法是不能長久的，人員因為工作內容期望落差而異動頻繁，不僅無助於提升組織的效率，更會降低效能甚至是增加其他團隊成員的負擔。

二、個性與價值觀的衝突

多數的「工作說明書」或是「職缺說明」都只有對一般性條件提出要求，例如：年齡、性別、學歷、專業技能、工作經驗……卻鮮少針對工作該具備的人格特質做說明，或揭露企業的核心價值與文化讓應徵者理解，更不一定會優先錄用擁有相同價值觀的應徵者。

簡單地說，多數企業的招募都偏重在執行工作的能力與經驗層面，希望能夠找到所謂「即戰力」，迅速為企業帶來效益，卻忽略了招募進來的新血是否具有與企業共同成長的潛質，最終形成不斷訓練新人，卻為其他企業所用的窘境。

因此，用人主管要清楚知道，招募目標是要找到最適合這一個職務的人，而不是主觀條件最棒的人。要找到的是最能融入這個工作且喜歡這份工作的人，而非能力絕對能夠勝任，卻未必能夠久任的人。

三、無法認同主管的領導風格

其實僅只是一面之緣的面試，主管很難確認應徵者的所有優、缺點，所以必須透過有系統的面試方法來協助。反之，應徵者更沒把握自己是否能跟到一位能合作融洽的老闆，多數的主導權和最終的結果，仍掌握在主管這一方。

因此，作為一位帶領團隊的領導者，我們必須理解：與我們合作的同仁，面對的是一位領導者，部屬要改變主管是困難的；

但作為領導者，則是帶領多位部屬，主管不能期待每一位部屬都和自己的個性、喜好、做事方法一致，但主管卻應該盡一己最大的可能，讓多數的部屬能夠認同、接受自己的領導。

所以，我常譬喻主管就像一份傳教工作，神父不會只選擇自己喜歡的信眾佈道與傳播教義，而是會嘗試用各種不同的方法讓最多的信眾願意跟隨自己、接受與理解宗教的意義。如果我們所在的教區，居民是白領居多，就要用比較文雅、具有典故啟發的經文來佈道；若是所在的教區是勞動階層居民為主，則要懂得用生動活潑且易懂的宗教故事來與大家分享。我們的目的，是傳播讓大家能懂、能接受宗教教化的真諦，而不是彰顯神父本身的深厚神學涵養與能力。

當一個高高在上的主管其實不難，但要成為一位真能和部屬打成一片、可以贏得部屬尊敬的老闆則非常不容易。放下身段、且能夠因人而異的與同仁真誠互動，是避免因領導風格而導致人員流失的最好方法。

總體而言，人心永遠都無法徹底摸清，組織的人員流動也是一種常態，主管不必刻意迎合每位不同的員工，但重要的是自己是否清楚你需要什麼樣的團隊成員？你是否堅持用對的人做對的事？而你又是否以對的方法來與同仁互動及領導他們？如果都對了，團隊一定就會逐步向穩定與成長的方向發展。

不懂得放手、下屬永遠無法獨立作戰！

◢ 團隊成功的關鍵：強迫他們自己面對挑戰！

一大清早，Kelvin 已經搭上高鐵，往中南部出發參加會議。但前一天，他在安排這個臨時行程時，才被總經理質問：「為什麼中南區的主管沒辦法自己完成對客戶的簡報？非得要這麼急著把你請去見客戶？」

Kelvin 被問得有些愣住，只好回說：「因為客戶臨時說，有高層主管要親自參加會議，希望我們也能夠有高階主管出席。」

其實 Kelvin 心裡清楚，這樣的情況不是第一次了。他的下屬中，負責中南區的 Mei 最讓他頭痛與擔心，常常無預警地需要他出面救火。雖然已經有許多人建議 Kelvin 壯士斷腕，將 Mei 撤換下來，但礙於情面和多年同事的情感，Kelvin 總是選擇再給一次機會，最終讓自己陷入了困局。

Kelvin 在公司是有口皆碑的好好先生，有耐心、脾氣好、願意支持屬下，他帶的團隊工作氣氛一向很好，同事與主管之間的感情也很好。但就在 Kelvin 得到公司重用、不斷向上晉升後，他的團隊逐步由一層領導，發展到兩層、甚至三層的階層領導架構。Kelvin 開始感覺自己越來越疲於奔命，總有些突發的狀況必須應付，總有下屬無法達到期望的要求。

他有點懷疑自己的能力，為什麼自己帶團隊的成功經驗，無法複製到其他的主管身上呢？

◢ 人對了，就能事半功倍！

組織運作的最基本原則：將對的人放在對的位置上，其中關鍵是如何找到「對的人」。

主管必須清楚：不同職務需要具備什麼樣的能力、什麼樣的人格特質、什麼樣的發展潛質。前兩項，確定他能夠將負責的工作做好；最後一項，則是要能滿足組織持續發展的需求。

許多企業在任用主管時，會將年資和忠誠度當做第一優先考量。這樣容易造成組織的創新思維受限，降低新思維導入組織的可能性。而在中階幹部的培育，最常發生的狀況是以特定單一的職能專業為優先，卻忽略了主管應該具備的跨部門協作觀念和態度。過度強調專業取向的用人方式，反而容易讓專職變成分工清楚卻對立嚴重的障礙。

一個組織能夠成功運作的核心，除了領導階層的策略思維與正確的方向，關鍵是落實策略執行、承上啟下的中堅核心幹部。唯有具備能夠相互合作、發揮效能，又能夠和高層領導有相同策略思維的中堅幹部，組織才能夠真正將想法落實，達成目標。

Kelvin 作為組織的高階領導者，他的重要工作是：發掘並任用優秀的中階幹部，讓核心成員能夠源源不斷地加入組織，在組織中得到適切發揮的機會。

◢ 中階主管該有的認知與學習！

那麼，一個真正適任的中階主管該有什麼樣的態度呢？雖然從基層到經營，主管的需求與學習面向各有不同，但作為公司的運作與執行的核心，中堅幹部應該認知下列幾點：

一、不畫地自限，勇於跨出舒適圈

企業的中階幹部，對組織的策略推動與落實執行影響最大。因此，能理解策略的意義及有效率地執行最為重要。因為中階幹部不會永遠停留在既有的位置，只有拉高自己的視野、勇於接受新挑戰，組織才會有既了解組織運作、又能落實策略的人才。

二、積極面對問題，不要事事等待老闆決策

許多主管會因為自己做錯決定而被檢討，也有很多組織會因為老闆的作風強勢嚴厲，使得無論哪一層主管都不敢輕易做出重大決策，因此事事都要層層上報，等待老闆定奪。久而久之，許多中階主管就成了指令的傳達者、執行過程的監督角色。

這不僅無助你的成長，更會使得組織運作的效能嚴重降低。因此，即使你不具備最終決策的權力，也應該試著做出決策建議，學習面對問題、解決問題的能力。

三、即時反應你遭遇到的困難，尋求有效的解決建議

一位負責任的主管，不能剛愎自用，也不能礙於面子不願求助於他人，你可以透過團隊的討論或是尋求上級建議嘗試找出解決的辦法。最重要的是能釐清問題，做最有效的溝通，獲得最適切的解決建議。

四、將跨部門全體視為一個團隊，不侷限於自己的小團體

中階主管最容易陷入本位主義的窠臼，在專業執掌與分工的限制之下，多數人會本能地以自己的專業、所負責部門的利益為優先考量。殊不知，正是因為這種各自保護利益的本能，使得企業與組織面臨資源分散、效能無法提升的困境，最終導致分崩離析。

你一定必須切記：作為中堅幹部，若不能打破固有的觀念，提升跨部門合作，促進組織協作的能力，將很難再有擴大視野、更上一層樓的機會。

Part 7

避免組織內耗、
你必須具備「洞察力」!

辦公室流言蜚語不斷、該怎麼處理？

◢ 建立信任關係很難、但破壞卻很容易！

「老闆,你知道嗎?Morris 的老婆上個月去了 A 公司上班耶!A 公司是我們的競業耶!他難道不應該先跟你報告一下嗎?」

「老闆,我昨天在一個活動中遇到 B 公司的資訊處主管,他跟我抱怨我們家承接 B 公司的系統維護做得很糟,有些問題在驗收後仍未解決,這個 case 也是 Morris 的團隊負責的。」

「老闆,我聽說 Morris 的團隊來了兩位新人,似乎是同一個學校畢業。大家都說他用人有些偏好,喜歡用特定專長或是自己母校的畢業生,看來好像所言不假喔!」

Kevin 對於這些流言感到困擾,所以刻意找了 Morris 到他的辦公室聊聊。當天,他主動開口問道:「Morris,你最近有沒有得罪公司什麼人啊?有跟誰處得不好嗎?」

Morris 一頭霧水:「應該沒有吧!老闆你這麼問的原因是什麼呢?」

Kevin 沒有直接將流言的內容告訴 Morris,只是接著說:「如果在工作上或管理團隊上有什麼重要的事,或覺得會對公司與團隊有影響的情況,我希望你能夠主動跟我分享。畢竟你是帶

團隊的主管，很多人都在看著你，也會關注你，你一定要更謹慎地做好每件事，避免讓別人有議論你的機會。」

Morris 一聽，更是心裡一團疑惑與不安，他急著問：「老闆，你是有聽到什麼嗎？能不能告訴我？我才能夠清楚地說明與解釋不是嗎？」

Kevin：「沒什麼啦！只是提醒你一下，重要的事情、你覺得該報告給我的事，記得主動來跟我說，先讓我心裡有個底。沒事了，就這樣吧！」

兩人對話結束。Kevin 並沒有釋疑，而 Morris 心裡則種下了一個心結。他覺得有人在背後攻訐他，對於什麼事該跟老闆報告、什麼事不該反而遲疑了。老闆不信任他了嗎？這個工作仍值得他這樣投入與拼命嗎？

◢ 雙向信任關係，從「放下身段」開始！

建立「雙向的信任關係」，是組織最困難的事。擔任主管的人要先放棄「管理」的心態，因為這個管理的心態，會讓上位者認為自己的想法必須優先。因此，多數主管會對下屬抱持著一種指導與控制的想法，而非是合作與相互學習的態度。

從分層的組織架構而言，組織越上層，需要負擔的責任越重大，被授予的權力與決策範圍也越廣泛，但在真實的執行過程中，組織上層的管理者管理組織的規模越大，與執行細節的距離就越遠，因此對營運細節的了解及對執行者的授權同等重要。

　　許多領導者為了掌握組織運作狀況，會透過各種資訊收集、營運的管理機制來落實自己的想法，達成管理目的。但組織管理最難的一個環節還是在於「人性」再好的制度與管理手段，最終還是要有具備熱情的人來落實，才能達到事半功倍的效果，若是無法激發團隊的熱情與積極的想法，制度最終也只是一套冰冷的規定，無法達成真正期望的目標。

　　而「人性」中的熱情與積極，最關鍵因素源自於信任，正所謂「士為知己者死」，就是這個道理。

◢ 偏信則暗，兼聽則明！

　　從古自今，所有與人有關的組織，最不缺的就是爭鬥。領導者要建立團隊的信任關係，除了要學習放下以自己的意見為優先的態度，還必須克服人性中的另外一個劣根性：懷疑。

　　尤其是與部屬有關的負面資訊，作為主管應該要戒除「先懷疑、不求證」的錯誤心態。團隊的領導者要以驅動團隊的正面思維為優先，協助解決困難、共同面對問題與挑戰，若只專注在部屬不盡人意之處，只會加速破壞彼此的信任關係。

　　團隊領導是一個「交心」的過程，領導者無法避免不同團隊的相互競爭、意見不同、相互抵制，甚至貌合神離、最終有人離開的情況。但領導者必須堅持學習「不偏信」，不片面聽信個別的資訊，影響對部屬的信任。一個不經意的偏頗，看似並不重要，但對團隊成員卻可能是信任感的重大流失，不可不慎。

另一方面，領導者應該要理解「兼聽則明」的道理，虛心多方收集不同的資訊與意見，千萬不要以自己的定見為基礎來看待其他人的建議。此外，在同溫層得到的反饋、根據個人喜好所提出的看法，真實性都有待商榷。

只有保持自己不恥下問的學習心態，不總是以上位者的高姿態來要求。當領導者願意將自己的位置放低，能夠聽到真話的機會就會變多了。

是什麼人、做了什麼事？讓企業陷入內耗？

◢ 別輕忽負面情緒蔓延的速度！

坐在他面前的 Ken，一臉淡定，又顯得有些不耐煩。Daniel 心裡非常不是滋味。但為了弄清楚原因，設法留住公司僅剩幾位有經驗的專案經理，他只能耐著性子相勸。

Daniel 委婉說道：「Ken，今年公司才剛幫你 promote 成資深專案經理，薪資也有滿大幅度的調整，為什麼突然想離開呢？」

Ken：「老闆，我不是突然有這樣的打算，你知道在公司做專案管理有多卑微嗎？每個後端的技術單位都在拿翹，好像客戶的抱怨、專案能否順利完成，跟他們一點關係也沒有，我們專案經理每天就是在拜託這個、懇求那個，不然就是挨客戶的罵，我真的做不下去了！」

Daniel 皺眉：「那我親自協助督導好嗎？你遇到什麼困難就同步讓我知道，我來協助你們解決，總可以改善吧？」

Ken 有點沮喪：「老闆，你不覺得這樣做太累了嗎？你的工作不該是跳進來做前端的執行，今天這些問題的關鍵是技術部門人力不足，技術主管的心態都是多一事不如少一事。你幫得了這個大案子，但我還有許多小的案子同步要處理，我不可能每個 case 都麻煩你。」

談到這裡，Daniel 心裡已經清楚，近幾個月專案部門的人員快速流失是有原因的，但更大的挑戰是，如果公司延續既有的業務主軸，技術人員的依賴程度與人力缺口難以立即解決，就會陷入一個惡性循環，必須從根本的策略方向調整才有機會。但公司會支持這麼大的變革嗎？這麼多的既有後端服務團隊能有決心改變嗎？他想著想著……不禁自己也萌生去意。

◢ 組織中，負面情緒傳播速度驚人！

面對激烈競爭，企業能否持續進步與成長，團隊是最關鍵的因素之一，但當一個企業因工作而產生意見不一致、協作不順暢，甚至是對立情況時，延伸出來的影響就是負面情緒。無論是因內部競爭居於劣勢、因情緒低落而消極抵制，甚至是因個人因素而刻意渲染或擴大解讀組織存在的問題，這些行為都會直接或間接影響其他同仁。

不幸的是，多數人比較容易忽略正面消息、公司政策，但對負面訊息、八卦謠言卻非常感興趣，還會以飛快的速度將其傳播出去。所以，經常主管自己還渾然不知，但團隊中早已充斥著各種夾雜部分真實、部分臆測，卻都對組織運作充滿傷害的消息。

要杜絕組織負面情緒的傳播，企業的基本文化、領導團隊管理模式的透明、制度的健全都是基本要件，除此以外，主管更要以身作則，提升團隊合作及協作文化。

◢ 變革總是充滿挑戰，但必須有勇氣堅持！

　　企業經營最困難的挑戰是要不斷創新與改變，它的難不只在於勇氣和決心，更難的是必須做出正確的決定，並且堅持下去。否則即使有好想法，最終也會因為沒有堅持而徒勞無功，甚至回到原點。

　　人才是企業成功最重要的基礎，要知道人才為什麼會流失，除了要控制組織中的負面情緒擴散以外，持續推動創新與變革，須克服三個關鍵因素：

一、缺乏長遠的策略方向

　　當企業持續依賴一個既有的商業模式，而競爭者日益增多、獲利能力開始下降，企業就需要及時勾勒出自己的未來，充分讓團隊相信與認同這樣的策略方向，並且投入堅持與努力去實踐。只要是人才，就不怕沒有更好的出路，唯有讓人才看得見自己的未來，才會願意留下。

二、抗拒改變的組織文化

　　人心真是千變萬化，組織領導者必須先有帶頭改變的決心和態度，才能讓心存僥倖、怠惰、猶豫的同仁改變。若是領導者無法展現決心或躑躅不前，那只會讓抗拒改變的文化成為企業進步的最大阻礙。

三、對外部環境的忽視

許多企業因為組織分工與分層負責的緣故，決策層容易形成封閉狀態；也可能因高層決策風格較強勢，導致基層的聲音容易被壓抑；或者，因為專業過度集中在特定領域，反而失去了多元化的機會。更可怕的是，當企業自滿於既有的成功與優勢，忽略了回應外部競爭環境與員工的期待，那麼優勢與員工的流失，就會成為難以挽回的事。

人才，無疑是企業成功關鍵，而企業在人才招募、任用、培育、留任四個不同階段，都應該要有足夠的重視與作為，不應該偏頗或忽略任一環節，否則就會陷入一個失去平衡的狀態，產生虛耗。特別是在企業的組織文化這個部分，應該得到企業的領導者及所有經營團隊的重視，取得高度的一致性並落實在運作的過程中。

好的人才，絕不會喜歡在一個充滿不確定性、負面情緒蔓延的組織中，互相猜忌爭鬥。讓企業充滿正面思維且能為共同的目標努力，才是能留住人的好企業。

見不得你好的人、多數就在你身邊！

◢ 辦公室裡永遠都有隱形的惡鬥！

Amy 站在電梯口等著，門打開後，突然看見「前主管」Jay 站在裡面，Amy 本能地跟 Jay 點頭打招呼，沒想到得到的卻是一副完全不想兩眼相視的冷漠和視若無睹。Amy 只好尷尬轉身面向電梯門沈默，不敢開口問候，直到 Jay 到達樓層走出電梯，才鬆了一口氣。

回到座位後，Amy 打開電腦，映入眼簾的是一封來自客戶的 mail，信中客戶提出疑問：「為什麼你們已經完成 POC（Proof of Concept）的方案，突然又有貴公司其他單位來提不同建議？你們內部都沒有溝通和整合嗎？而且還 by pass 我，透過關係直接找我的主管，這是要讓我難看嗎？」。

Amy 大吃一驚，立刻撥電話給郵件中所附建議書的聯絡人，結果對方回覆：「這不關我的事，是我的新老闆、也是你們部門的前主管 Jay 交辦的工作，我只是奉命行事。因為 Jay 說這客戶原本就跟他熟，也偏好 Jay 現在提出的新方案。只是你們當初沒有依照他的要求落實，再這樣延宕下去，這個客戶反而會下單給其他公司，所以他才交代我們趕快補位而已！」。

　　Amy 聽了之後真的又氣又傷心，想到自己過去為 Jay 那麼努力拼業績，沒想到他一轉調部門就翻臉不認帳！難道他是不爽我接替他的工作擔任這個部門的主管嗎？還是他在新的部門缺少大型客戶，要來挖牆腳？自己該不該跟公司反應這個問題？腦中浮現一堆惱人的問題，又擔心自己陷入組織惡性競爭，讓 Amy 一時之間不知該怎麼辦。

◢ 從主管的態度與行為看出格局！

　　許多企業在晉用主管時，多會以其專業能力作為主要考量，但事實上，企業組織在運作的過程中，「態度」比專業更重要。如果態度消極，專業能力再好也不容易有好效率；如果態度被動，少了嚴謹的監控就會怠惰；如果態度自私，團隊合作無法發揮綜效，還可能內耗衝突。

　　許多組織經常會發生的問題，並非專業能力不足，而是沒能將對的人放在對的位置上，缺乏具備正確態度的主管來帶領團隊。即使有專業人才，也會因為組織內的惡質競爭或對立而無法留下。

　　根據上述的原因，企業在任用主管時，除了專業能力外，更應該根據每個主管的工作態度、領導風格、行為展現等表現，持續觀察、調整組織中關鍵職務的選任，這樣才能夠真正使這個組織不斷進步與成長。

◢ 具備大格局的三個特質！

經理人是否具備可以委以重任的潛力，應該就其實際展現的行為來反證他的人格特質與態度，而這些態度可以一定程度地反映出他是否具備大格局思維。如果以正面角度觀察，我個人認為大格局的經理人至少需有下列三個特質：

一、捨我其誰的勇氣

帶領團隊的領導者必須是願意承擔責任的人，不會只計較自己的利益或是害怕在承擔責任中被犧牲。他要總是想著如何從挑戰中突破並獲取成功，而且願意冒著未知的風險，勇於接受組織賦予的各種任務，即使知道成功的機率不高也願意拼搏。因為企業經營不可能永遠順風順水，一旦缺少冒險的勇氣就很難保持冷靜與果決的判斷力。

二、堅信團隊合作

許多很傑出的主管在晉升到更高的位置後，會表現得不如預期，其背後原因往往都是缺乏運作「大部隊」的經驗所致。另一個層面則是這個主管過度依賴自己的能力，而缺乏授權、不懂得運用團隊的協作來發揮效益。簡單來說，就是不知道該怎麼讓組織有充分的團隊合作。

更糟的情況是：無論是個人英雄主義作祟或是自私心態，有些主管會因為擔心下屬超越自己，而限制組織中的人才發展與團

隊合作。這樣的主管不僅不能重用，更不可再用！以免對組織造成更大的傷害。

三、求知若渴且能自省

面對技術日新月異、新世代不斷加入組織，要能夠因應時代快速的變化且與時俱進，身為主管必須一直對學習新的知識保持高度熱情。因為唯有真正了解，才能夠做出正確的判斷。

此外，也要對過去累積的慣性、有自我反省的能力，願意拋棄舊有的包袱與習慣，接受新事物和趨勢來領導團隊創新，這樣才是真正具備大格局潛力的領導者。

◢ 審慎評估、培養具備大格局的主管！

好的主管真的不易培育，尤其是越高階的主管越不容易。在專業分工越來越細的現在，企業要從組織基層一路培養一位優秀的員工到可以擔綱重任，其實需要花費非常多的時間和成本，如果在最終階段才發現選擇錯誤或是無法勝任，這對企業而言無疑是非常大的損失。

因此，要做好中、高階主管的培育及選任，一定要先經過審慎的行為與態度的觀察與篩選，才能避免大量投資後卻又前功盡棄的遺憾。

本位主義的心態、無所不在！

◢ 三個打破穀倉效應的方法！

　　手機畫面一直出現來訊提示，但 Merry 完全沒有點開的打算。他知道這是 Christin 發來的 LINE，只是要催他趕快派出支援專案的人力。

　　Merry 心裡十分不悅，他自覺已經表達得夠清楚了，這個專案風險太高、成本估算不確實，而且他的團隊目前也抽不出人，如果要他支援，必須先取得老闆的同意。他不可能先派專案成員做 Pre-sales 支援，以免最後又是無法認列 credit 的做白工。

　　另一頭，Christin 也在暗暗咒罵：明知道我這個案子已經箭在弦上，必須開始準備標案才來得及投標，Pre-sales 團隊卻連一點前期資源都不願意投入，非要所有程序走完才肯動作，分明是在刁難自己。

　　難道 Merry 不明白嗎？公司要是沒業績，哪來的獲利養他們這些後端團隊？對業務的支援這麼被動，擺明是針對他個人的刻意排擠和抵制！越想越氣，一定要去老闆面前說個清楚。

　　最後，Merry 和 Christin 分別去找老闆抱怨後，兩人都被叫進老闆辦公室。老闆要他們當面溝通，各自陳述自己的立場和委屈。

　　眼看兩人之間找不到任何共識，老闆只好裁示：「這個情況確實有點特別，Christin 你下一次必須提早提出需求，讓後端有時間調度資源，也要充分做好風險分析與說明，不要讓後端為難。」

　　接著又說：「Merry 你這次就體諒一下業務的困難，已經答應客戶和夥伴的案子，即使我們會有點措手不及，也還是趕快調一個人來幫忙吧！」

　　只見兩人悻悻然地走出辦公室。Merry 暗自打算，隨便派個菜鳥應付一下；Christin 則想，若這案子沒拿到，也不想在這裡浪費時間了，反正自己跟客戶的關係好，去哪裡都能夠繼續做他的生意。

◢ 部門溝通鴻溝：本位主義！

　　作為一個公司的總經理，每當有不同部門的主管來跟我抱怨某個平行單位時，我總會先問：「如果你是他，你會怎麼做？」多數時候，我得到的回答總和我的預期雷同。當我們站在對方的位置去看待同一件事時，就會有不同的考量和見解。

　　簡單地說：人有保護自己的本能，會以自身利益為第一優先，也就是所謂「本位主義」。而打破本位主義，最理想方法就是驅動對立雙方換位思考。但這樣的想法，若僅只是「期望」，往往只是一瞬間的理性思考而已，回到位置上，可能就又會恢復

到本位主義的迷思中。要能真正打破本位主義，我們該思考的是：如何讓個別部門的 KPI 相互連結？

許多公司在制定 KPI 時，都會讓部門各自設定目標，但是每個部門的功能雖然不同，要完成公司整體目標，卻需要各部門協力合作才能達到。若部門彼此間的 KPI 都沒有連動關係，如何驅使大家打破自身的立場相互合作呢？

◢ 換位，不應只停留在思考！

雖然大家都懂得「換位思考」，但沒有真正被換到那個位置上，就無法真正做到從他人立場來思考問題。

所以，實務上要讓團隊中多數人能互相協作，除了將部門關係轉變為共同協作、共同完成指標的「利益共同體」，也要鼓勵員工跨部門轉調，甚至在管理職缺上優先晉升有跨部門歷練經驗的員工，避免單一職能的垂直系統一路升遷到底，才能打破各個不同職能與部門之間的「穀倉效應」（Silo Effect，指部門之間因過度分工，而缺少溝通的現象）。

更重要的是，要在員工尚未成為帶人主管之前，就要及早培養跨部門的協作觀念。否則一旦慣性形成，既有的思維與管理方式更難改變。而自我意識強烈的主管越多，會對企業的內部溝通形成越大的障礙。

◢ 三個方法，化解「各自為政」組織窘境！

一、跨部門任務編組

　　因應專案或是特定工作目標，由不同部門成員組成臨時任務小組（special task），藉著小規模編組，讓跨部門的成員培養協作默契。管理者也可以依據這個小組的運作，觀察、培養具有領導潛力與特質的同仁。

二、內部協作競賽

　　鼓勵創新為內部流程優化、開發新產品。許多公司會辦理競賽活動，例如 AI 黑客松（AI Hackathon）、創意提案大賽等。在這類活動中，規定參賽隊伍必須由不同部門成員組成，且跨部門的幅度越大，可以獲得較多的加分，有強化部門合作的激勵效果。

三、策略目標 KPI 連動加權

　　將各部門的主要工作進行關聯性分析，分類出強弱連結的排序，並將彼此關聯性最高的幾個團隊設定連動性 KPI。若 KPI 確實達成，就能夠以加權計分的方式，給出較好的績效考核及實質績效獎勵。

　　透過指標設計，驅動不同部門協作，讓團隊成員清楚：不是 A 部門在支援 B 部門，而是共同在為自己的指標努力。

　　總體而言，人性偏私是無法避免的本能，但組織卻可以透過有彈性的運作、更有創意的想法讓大家在本能驅使之下，還能夠心甘情願、自動自發地朝向共同的目標去付出、去拚搏。

老闆、別將兩手策略玩過頭了！

◢「別人做得到，你們怎麼不行？」主管這句話，是在摧毀團隊！

Thomas 坐在會議室中盯著投影幕上的 A 組營業月報，開口就先問說：「報告誰做的？為什麼沒有跟去年同期的數據比較？」

A 組負責人 John 解釋：「老闆，這是我根據財務部門給的數據做成的報告。因為我們的業務是去年第四季才開始，所以沒有同期比較的數據」。

Thomas 立刻追問：「那總有做計畫預估吧？跟預估的目標相比呢？跟競爭對手的類似業務比較呢？你們要將完整分析做出來，報告才能夠看出全貌嘛！」

John 回覆：「我有整理目標的達成概況，在報告一開始的時候就有提到，可能是說得太快、您沒留意到。我們每個季度會追蹤和匯報同業與市場競爭分析，如果您認為在每月報告也需納入，我再協調相關部門改成每月更新資料。」

Thomas 回道：「好啊，你要追緊一點才對！業績就是要追蹤、檢討、及時反應，才能逼得出來！」John 環視會議中其他主管的表情，覺得哪裡不太對，卻又說不上來怎麼回事。

　　會議結束後，其他組的負責人忍不住把 John 拉到樓下，跟他說：「你太容易被老闆設計了！今天你承諾追數字，後面一票人會被拖下水，包括行銷部負責資訊搜集的團隊，還有其他業務團隊的匯報工作都會增加。下一次會議老闆就會用你當例子，為什麼 John 的團隊可以做到？其他人做不到？」John 才恍然大悟，自己包了一個吃力不討好的工作，還可能得罪一大票的人，這該怎麼辦？

◢ 「A 做得到，你怎麼不行？」不是一個好的管理方法！

　　很多老闆喜歡使用「兩手策略」或是「相對比較」來驅動團隊，對著甲說：「乙能做、你怎麼不行？」在某些情況下，這種對比可以有效發揮功能，較快達成目的，但是請小心背後隱藏著難以察覺的長期風險。

　　當甲和乙被當成相互比較的對象，彼此就會產生競爭關係，主管其實很難完全掌握及控制部屬之間的競爭是否朝向良性發展。

　　雖然身為組織的一份子，每個人都必然會與同儕在績效、專業能力、溝通協作等項目上，不斷地被相互比較，但若是主管常常用「特定人士」的表現來突顯其他人的不足，對他人施加必須改變的壓力的話，這個特定人士可能會脫穎而出，也可能成為眾矢之的！

　　希望團隊能夠有良性的競爭，主管應該追求團隊落實執行正確的方法、規範的制度，以及應該達成的工作指標，從上而下清楚的由組織訂下基本原則，不必透過「刻意的比較」讓團隊氛圍產生不必要的對立或惡性競爭。但是當特定成員有了特別傑出的表現，或是超越原有工作職掌要求的創意或貢獻，就可以及時點出，以刺激團隊群起效尤。

◢ 這三件事，更能帶動團隊進步！

　　組織的發展與領導，一直都是企業是否成功的關鍵，也是最大的挑戰，無論科技和數位工具的發展再怎麼改變，回歸到核心都需要透過人來運作。因此，一個組織能夠吸引人才，還能跟隨潮流、推陳出新的滿足市場需求，才能夠持續成長與獲利。

　　由此可見，管理只是主管最基礎的工作，更重要的任務是帶動團隊「創新」，包括：新的人才、新的思維與新的作法。

- **新人才**：一方面透過與時俱進的教育訓練，將既有同仁的專長和能力加以提升，使其成為組織未來能夠適用的人才，或是引進為企業未來發展帶來新觀念、新能力的人才，都是主管在「新人才」上應該做的努力。

- **新思維**：主管必須有勇氣與修養接受不同的想法，只有不斷地嘗試了解與接受新的想法，你和團隊才不至於被舊有的窠臼限制，有機會不斷隨著整體外部環境而改變，能以新的思維跟上時代的腳步。

● **新作法**：每個階段、每個周期，領導者都該反省與檢視自己和團隊的工作方法是否需要改變，找出可以進步之處。即使再成功的個人與團隊，都有精進的空間，能夠持續成功唯一的不變，就是不斷的改變。

總結而言，好的主管應該要將想法與作法，從眼前延伸放大至更長遠的後續，反推回來，日常驅動團隊的方式必須以合理的制度、符合人性的作法為根本，進一步的積極作為是為組織導入更多創新的行動，將團隊帶向正面的循環中。

Part 8

看破卻不必說破、
聰明學會「政治力」！

破除迷思做自己、才有好人緣！

▲ 辦公室同事、主管約聚餐應酬，可以不去嗎？

「Hi，Vivian、今天晚上大家約了 Alan 副總一起去 KTV 唱歌，你要一起去嗎？上週末說好一起去參觀 Brian 總監的新家，你也沒出現，今天一定要來啦！」

「你再不出現 Amy 一定會趁機在大家面前說你壞話。每次你沒參加活動 Amy 就會說你高傲、不合群、很難溝通，會給大家不好的印象喔～」

Vivian 是一名部門主管，聽到同級主管的轉述，心裡覺得厭煩，自己的工作表現明明比別人優秀，只是不太喜歡佔用下班時間和同事交際，其他能力較差的同級主管卻趁機咬舌根、排擠他，所以心想是不是乾脆主動轉調其他部門，遠離這個上班貢獻能力、下班還要和上司及同事培養關係的單位。

但是 Vivian 有點猶豫如果冒然提出轉調，會不會讓現在的主管覺得自己真像其他人所說，人際溝通不佳、無法帶領團隊，才想要轉調？會不會反而因為申請轉調，造成現任主管不滿意、新單位也不敢用？轉調與否，變成兩難。

◢ 專業技能比較好，也不代表你夠優秀！

多數人在職場生涯的過程中，容易誤以為能力的指標僅只是專業能力和工作績效，只要這兩方面夠強，就表示自己夠優秀。

然而隨著工作經歷增加、參與的工作越來越複雜，你將會發現多數工作不再是單一專業可以涵蓋，而是必須驅動不同專業領域的人進行協作，才能真正完成更大規模團隊的領導。因此，當職涯資歷增長、工作層級提升、團隊規模擴大、專業領域日趨複雜，必須學習如何跨界溝通以驅動團隊向前，這才是能力的展現，也是一種考驗。

◢ 高度社會化、但不刻意做作！

事實上，無論擔任的工作屬於哪種性質，「高度社會化」（highly socialize）就更能融入不同的人際關係之中。因此，作為主管或是負責領導團隊的人，能夠樂於與人接觸或是擅長與人來往，相對比較會有一些優勢。

如果是公司同事下班後的交際活動，可以選擇適度參與，若是自己不感興趣，也不必過度勉強，但偶爾可以主動安排自己感興趣的休閒活動，邀請大家一起來參加，自然可以破解不必要的誤解。如此，就算你不是一位長袖善舞的主管，也能夠試著成為一位貼心又值得下屬和同儕信任的夥伴。

其實，並非不擅長與人交往的人就不適合擔任管理者。一旦擔任管理工作，與人接觸與溝通的頻率必然增加，所以，主管透

過學習加強與團隊溝通的能力，即使個性內向或較為木訥，但只要懂得觀察不同人的想法，給予適時、適切的回饋，並在工作上給予及時的指導與幫助，你絕對可以成為一位好主管。

▲ 驅動團隊協作的關鍵：換位思考！

在組織中很難有一位主管能歷練所有部門，且完全了解各部門的運作細節，如何讓每個不同執掌、不同專業的團隊能夠溝通合作，才是高階主管的能力。

要說服他人並非易事，尤其是在自己可能沒這麼熟悉細節的區塊更是如此，該如何調動比你更了解這項專業的人，依循著你的想法去做？

作為一位需整合不同專業與跨領域領導的管理者，最有力的工具就是「換位思考」的能力，設身處地站在對方的立場與角度思考，才能夠真正有效地發揮出他的最大功能，同時讓團隊發自內心地投入與合作。以下幾個步驟可以幫助你換位思考：

1. **站在外部看組織**：模擬更高階主管的視野與思維，檢視自己與其他同儕之間的競合關係，有哪些是你應該加強合作的對象？

2. **找出彼此的互補關係**：對於應該加強合作關係的對象，主動去了解他的工作困擾及你可以協助的地方。

3. **別怕被佔便宜**：對於跨部門合作重點在於「做」、不在於「說」，做得多、說得少，成效與收穫必然會大；若是說得多、做得少，則會有反效果。

4. **讚美比批評好用**：發現他人的優點並且給予讚美，將會幫助你成長；而總是看到他人的缺點且不斷地批評，則會讓你陷入困境。

總結而言，擔任組織中的主管角色、必須了解整體組織的「決策關係」架構，並且在其中找出會影響自己的所有連結，以前述的心態與「高度社會化」的技巧做好應有的溝通，必然能夠使你在跨部門的協調與人際關係上獲益良多。

❖ 決策關係分析 ❖

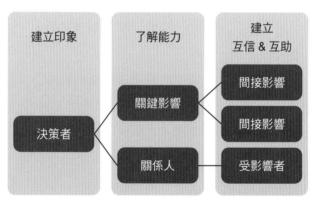

小心「辦公室政治」害了你！

◢ 老闆把你當心腹、是一件好事嗎？

Tommy 坐在員工休息區默默地吃著午餐，突然手機鈴聲響起，「老闆～什麼事情嗎？」、「這件事在電話裡不好說，我直接去辦公室跟您報告好了。」

身旁的同事聽見 Tommy 的回話，彼此交換了眼神，似乎在表達著：「你看！我沒說錯吧，那件事一定是他跟副總說的！」

Tommy 感受到同事們奇怪的眼神，很快地將餐盒收起來，走回自己的座位。他一邊走一邊想著，自己無論什麼事都唯命是從，卻換來部門副總不斷丟些棘手的麻煩事來，最近他和其他部門高層之間的爾虞我詐，也將 Tommy 捲入其中，甚至要幫忙收集資訊、私下將其他部門的工作狀況報告給他。

Tommy 心裡覺得七上八下、深怕自己被貼上標籤，或是日後反被其他主管報復。但副總老是回答：「我是把你當自己人、信得過你才讓你做這件事，有事我會挺你的！」可是，Tommy 還是希望自己能夠在工作上有所表現，而不是涉入這些辦公室裡的權力競爭……。

◢ 領導者該怎麼掌握各組織的營運實況？

人類的好奇心是與生俱來的一種本能，在組織中擁有較多決策權力的管理者，也會因為決策的需要，對於資訊收集有著極大的需求。一般來說，決策者所需要的資訊會從組織中各個層級分層向上呈報，也因為如此，某些資訊可能會在過程中被過濾或隱藏，如何更精準地掌握各個組織實際的運作狀況，就變成管理者非常感興趣的一件事。

正規的資訊蒐集方法是將所有的運作「資訊系統化」，實際的運作績效與營運成果能夠及時且正確的揭露，而這些「量化」的資訊也是經營管理不可或缺的關鍵。但跳脫營運績效管理以外，在組織的管理中的「質化」資訊，尤其是關於：決策模式、領導風格、團隊士氣、品格操守等訊息，小部分可透過內稽、內控機制了解，但大部分都不容易及時被發現，導致有些管理者會請同仁當「暗樁」，協助回報。

◢ 別以為辦公室政治不會找上你！

許多中階主管以為：只要自己保持中立，應該就不會被牽扯進辦公室內的政治問題。其實，這樣的想法不只太天真，也不務實。因為只要是有權力分配的組織，永遠無法避免權力之間的相互較勁。

而我們也必須清楚：只要你具有潛能，就可能被其他人視為假想敵，幫你貼上標籤、穿小鞋，甚至是製造無法求證的負面訊

息。這些都不是因為你沒有努力工作，或是你沒有保持中立，而是因為你有可能幫助其他人選，成為某些人競爭權力的障礙。

　　所以，清楚知道在組織中存在著無形且不可避免的競爭，是一種必要的政治常識，無需嫌惡也不必過度反應。只要盡可能以平常心面對，做好每一份自己被賦予的工作，保持著「助人為樂」的心態在職場中與人交往，就是面對辦公室政治風暴的最佳解決方案。

▲ 當你被命令成為「資訊收集者」該怎麼辦？

　　領導者常會選擇非直屬於自己的部屬，或是一些關鍵單位的特定人，嘗試收編成為自己的眼線，甚至會直接指派某些人去擔任特定職務，以確保組織運作符合自己的策略以外，也隱含著老闆期待有自己的資訊收集管道的意味。

　　無論你是否處在這樣的角色與位置上，以下幾點原則可以供你參考：

1. **以專業工作為主，不要恃寵而驕、反客為主**：老闆的任何管理手段，最終未必都能讓公司獲利、營收成長，但是以個人而言，職場上公開的成績才是你最大的價值。千萬不要讓自己的專業與績效，被其他的功能給掩蓋，這對自己職涯的長遠發展才是最大的幫助。

2. **據實以報、評論公事，不涉及私領域**：組織中永遠都無法避免對「人」的評論，甚至許多公司或是組織會盛行「黑函」

文化，管理者應該杜絕這樣的惡習。如果你是老闆的耳目，應該慎重地提供應該被揭露的事實，而不是造謠、或妄加評論自己所收集的資訊。

3. 以公司利益為優先、避免捲入權力的競爭：事實上要做到這一點非常困難，而最難之處就在於無法清楚地判斷，究竟哪些要求、或是哪些事情會讓自己被人貼上標籤。所以，凡事以公司利益為優先，而且切記，一定能不違反法令和道德原則，那麼即使不幸被誤解也應該能將損害降到最低。

◢ 把握中階主管的養成階段，別熱衷於政治手段！

擔任中階主管是一個主管養成的黃金階段，因為應該有的基礎管理能力、觀念都已經具備，要能再上一層、往高階主管的路邁進，更寬廣的視野、更包容且能驅動組織的領導力，將會是一個非常重要的關鍵特質。

即使組織中難免會有政治性的問題，也不要因此而熱衷於玩弄政治手段，因為，員工與組織的運作還是要依靠彼此的互信，才不必耗費過度的管理手段，就能夠真正的發揮出最大的效益。

職場上不能只會做事，更要懂得處世！

◢ 面對同事打小報告，怎麼應對才聰明？

Linda 坐在自己的座位上，老闆的祕書 Mini 走到他身旁說：「你知道嗎、Iren 一早跑來找老闆說有要事報告，我剛剛在門外不小心聽到他在說你的事情，而且聽起來是不太好的……。」Linda 心裡一陣氣憤又有一股莫名的傷心，為什麼總是有這樣的事情發生？

雖然他不清楚 Iren 為什麼要這樣做，但他很確定 Iren 所說的事情絕大多數都不是事實。如果老闆沒有來跟他求證，似乎也無法主動提起，免得老闆認為有人向自己通風報信。但老闆聽了這些並非事實的謠言，會不會就相信了，導致自己默默背上黑鍋？

同時，Linda 也思索究竟是哪裡得罪了 Iren，為什麼他要背後告狀？是因為工作上自己不願意配合？還是前一陣子 Iren 推薦來的應徵者自己沒有錄用呢？心裡一直埋著這個疙瘩實在是非常不痛快，一瞬間，Linda 完全無心工作、戰鬥力跌到谷底。

◢ 私下告狀的「非理性競爭」，是組織的惡性腫瘤！

組織中難免會有內部的相互競爭，也正因為這樣的競爭才能促使員工不斷提升能力、追求進步，但是如果競爭的手段是相互抵制、攻訐與詆毀，則反而會變成消耗組織的資源，以及破壞團隊協作的亂源。

管理者必須清楚地理解，要維持團隊成員彼此之間的「良性競爭」，最重要的關鍵就是：公開透明。凡事開誠布公地溝通與交流，才不會因為老闆的「偏聽偏信」，導致員工可以透過「非理性」的手段來競爭。

有些管理者可能以為，這些私底下的告狀，能讓自己掌握一切、收集公司運作的各種資訊，殊不知這些資訊最後將會反噬這個組織，讓團隊因相互中傷而瓦解。

◢ 有人的地方就有江湖！部屬私下舉報，該怎麼應對？

只要有人的地方就是「江湖」，而「人在江湖、身不由己」也是職場中無法改變的事實。即使上位者做到避免偏聽偏信的態度，也無法保證不會發生非理性的競爭。因此，建議擔任主管運用下列三項原則，降低這些競爭對於組織的影響：

1. 沒有具體來源、無法證實的資訊，不處理！收到未具名的檢舉信（黑函），或是同仁舉報卻無法提出具體證據，都不該

逕行處理，免得引發連鎖反應，所有人都能以沒有根據的資訊攻訐其他人。

2. **未涉及公司規範、與公務無關的資訊，不需報告、也不列入參考！**對於員工的私領域和其他與公務無關的資訊，主管應避免透過公司其他同仁的協助蒐集與了解，以免有加油添醋或是妄加評論的謬誤。如果想較全面地觀察特定員工，不妨採取一對一的面談，或是私下交流進行了解，以避免有讓個人隱私成為辦公室謠言的風險。

3. **含沙射影、純屬臆測的資訊，不准報告！**在公開的會議或是私下的溝通，聽到隨意猜測或是無根據的評論，主管要有意識的予以制止或糾正，讓所有成員清楚你的態度：不聽信小道消息、更不准散布謠言，甚至嚴正地警告亂說亂傳的員工，如此才能讓組織中這些不好的行為得到控制。

▲ 小道消息少了，組織效率自然提升！

當你聽見有人跟你說：「A 部門的主管在老闆面前說你很難搞……。」你心裡會怎麼想？接下來你會怎麼做？你會去向老闆、或是這位主管求證嗎？在未來與這個部門共同合作時會有芥蒂嗎？你還是可以一如往常的就事論事、全力支持？

坦白說，上述這一個假設和一連串的問題，都來自於一個你很難證實、也很不想去求證的小道消息，如果同樣的情況不斷發生在你帶領的團隊中，可以想見對團隊的士氣有多大的傷害。當

主管能有效地減少小道消息在組織中流傳，你的團隊合作將會增加、效率自然就會有效提升。

所以，除了堅守「三不原則」以外，主管要能夠保持言行一致且透明溝通的態度，讓小道消息無法影響主管，才能夠讓組織中多數的同仁專注在工作能力上的提升。

你一定要學會：聽懂老闆的弦外之音！

◢ 沒有說出來的話、才是關鍵的訊息！

週五下班前半小時，路上車流已經逐漸壅塞了起來，卻沒見到大家收拾東西的情景。以往想趕在堵車前離開辦公室的週五心情，今天突然都不見了。

Amy 一邊盯著 HR 剛發來的公告，一邊用脖子夾著電話跟 May 聊著：「太勁爆了吧！完全沒有任何徵兆，突然就把 Jimmy 換掉耶！老闆難道不擔心大客戶跟著被挖走嗎？」

May 附和：「被挖走的可能不只客戶吧？他手下可是有好幾個很死忠的 Top sales 耶！這會不會賭太大啊？他到底是出了什麼包？為什麼老闆非要換掉他不可？」

Amy 突然降低音量，輕聲說：「聽說是因為 Jimmy 跟某個特定原廠的關係非比尋常，好幾個 case 都指名非用他們的東西不可，如果不依他的建議、案子沒拿到或是執行不下去，他概不負責。搞得產品、採購部門都去跟老闆告狀！」

May 接著說：「真的嗎？難怪我覺得 Jimmy 總是一副趾高氣揚的樣子，對客戶也很強勢，原來他根本早就有更好的去處了嘛！國外原廠的薪水比我們高多了！」類似傳聞在公司內部傳開，成了大家在週末下班前的唯一話題。

▲ 企業中，沒有哪個人無法被取代！

常有一些專業經理人因為工作表現優異、自己的能力得到公司或同業肯定，因此忽略了職場中必須理解的現實。特別是當自身利益與公司利益衝突，或是自己不認同公司的政策與作法時，就會產生出自本能的反應及錯誤認知，例如：自信判斷沒錯，堅持自己的想法，因為你相信自己的重要性會讓公司妥協。這就是最典型的「過度自我膨脹」所產生的迷失。

其實，對企業經營而言，最核心的價值與目標應該是「獲利」與「永續」，因為一旦無法獲利，企業就無法維持，但也不能為了獲取利益而危及企業的存續。所以，對企業的「擁有者」（owner）而言，「平衡」（balance）是相對重要的一件事，所有的運作必須取得和諧的平衡，才是企業長遠經營最關鍵的因素。

如大多數人都了解的事實，古今中外能夠經營超過百年的企業寥寥可數，而這些屹立不搖、長期存續的企業，唯有少數是原有創業者或其家族持續擁有。雖然企業的成功多數來自創業者的遠見與卓越經營，但即使如此，也無法保證創業者永遠就是擁有者。

換句話說，沒有任何人在企業中是無可取代的角色，更別說是組織中的某個重要職務，非得要由誰才能擔任不可。

▲ 有些事，老闆無法明講，但你不能不懂！

曾經遇到過一個真實的狀況，某公司有個部門的協理職務出

缺待補，總經理請用人單位的副總推薦幾位適合晉升的人選，但當他提出名單後卻讓老闆有點驚訝，因為名單中沒有老闆心裡最屬意的人選。

總經理想將這個名單退回去，他問副總：「為什麼 A 表現優異、考績也不錯，卻沒有在建議名單中？」

副總很快回覆：「A 雖然專業能力不錯，但晉升經理職務僅 2 年尚待磨練，我覺得他在跨部門協調能力上仍需加強，因此不建議列入本次推薦名單……。」

之後，總經理又問了一些細節，卻都沒有表示。副總又催了幾次，仍沒等到老闆約他討論與核定。最終，這個協理缺一直沒補，直到半年後，這位副總被要求提早退休，才由新上任的副總將 A 晉升為協理。

許多時候，很多事情沒辦法明白講。因為一旦講白了，就會變成彼此心中的疙瘩，特別是敏感的人事問題、錯綜複雜的人際關係，絕對無法一言以蔽之，也不會因為你不想被攪和進去，就可以完全置身事外。

◢ 經理人必須知道的潛規則！

在真實的世界中，作為經理人必須清楚下列幾個潛規則，才能夠確實讓自己避免犯下不應該犯的錯誤而不自知：

1. 當老闆說：「再想一想吧！」表示他並不這麼認為。你可以據理力爭，但不要堅持，而最好是順勢探詢老闆的建議與想法。

2. 當老闆不只一次詢問：「你確定嗎？」、「你有別的建議嗎？」表示他有不同的意見和看法，但是他不便直接告訴你，最好是私下弄清楚再說。

3. 千萬不要讓老闆陷入選擇兩難：是要挺你？還是挺另一個人？這就像你問一個男人：當老婆和母親同時落水，只能救一個人，他要救誰？

4. 永遠記得反問自己：今天你的成就與光環，是否全靠自己的能耐？如果沒有公司資源、品牌效應，你能夠創造相同的成果嗎？這會讓你更能持平地了解自己的價值。

5. 當你的老闆不再提醒你哪些事該注意；你的部屬不再報告你不想聽的事；當大家都說你是公司不可或缺的台柱時……就是你該檢討的時候了。

以我自己的經驗為參考：35 歲前容易被自信給蒙蔽，45 歲開始，就會因自己的職稱及經驗而自大或自滿。一直要到年紀漸長，才赫然發現自己所學不足，人外有人、天外有天。

歲月確實是磨練與成熟一個人的最好方式，但今天已經在經理人位置上的年輕主管們，如果能夠懂得讓自己的思想更穩健、行為與做事風格更內斂，對於日後的成長與團隊領導，將會有非常大的幫助。

企業經營就像一場政治遊戲！

◢ 重視承諾、不畏懼挑戰，才是好的領導者！

　　Mark 看著電腦螢幕上預估的第二季營收與獲利狀況，心裡不斷地盤算著，究竟還有哪些可以提前結案的 case，同時也估算著如果沒辦法達成預估的進度，在下半年是否可以追趕回來。

　　Amy 走進 Mark 的辦公室，將一份分析報告放在桌上說道：「老闆，你應該已經看到我寄給你的 mail 吧？我們上半年因為受到 COVID-19 疫情的影響，我估計營收和獲利都沒辦法達到預估的目標。」她接著又說：「七月要召開董事會了，我們是否在會中提出下修全年營收與獲利目標呢？」

　　Mark 頓時陷入思考，他心裡想著的問題是：如果立即下修全年營收與獲利目標，會對公司的營運造成什麼樣的影響？另一方面，董事會應該更想知道的是：接下來公司會做哪些因應措施？如何看待下半年的趨勢和可能的機會？是否應該調整原定的計畫？或是提出新的策略與作法？

　　因此，Mark 指示：「請各個部門主管 3 天內提出一份新的營收與獲利預估，並且同時做好下半年計畫修正的建議，並在下週的營運會議中一起討論。」

◢ 年度目標，不應該輕言下修！

從公司治理的角度而言，企業的年度營收與獲利目標是經營團隊對於股東們的承諾，除非遭遇天災巨變或不可抗力的重大事件影響，否則就經營團隊而言，應該盡全力實現自己所提出的計畫並履行承諾、達成目標。

然而，即使如 2020 年遇到的疫情衝擊，也應該詳細分析實際造成的影響，而非一概以疫情為由而輕易下修目標。因為如果不能清楚知道造成影響的真正原因與影響的實際數字，就很難提出有效的修正與因應措施，更遑論要在日後能夠追趕，或提升因應類似變局的能力。

許多企業經理人會習慣性地將計畫執行未能盡如人意，很輕率的就歸責於外部環境的因素，例如：大環境的景氣衰退、未預料到的天災或疫病、中美貿易戰爭、區域性的國際情勢緊張等，**卻往往忽略了這些外部的環境因素，原本就是我們經營企業必然會遇到的變數之一。**

因此，當我們遭遇到這些重大的變局，第一時間想到的，不應該是下修自己所訂定的目標，而是應該採取什麼樣的作為來逆勢成長、完成任務。

◢ 執行計畫，應審時度勢地調整！

過去多數企業常使用「關鍵績效指標」（Key Performance Indicators，KPI），最近則非常流行學習使用「目標關鍵成果法」

（Objectives and Key Results，OKR），但無論企業所使用的績效評估方式為何，最重要的是能夠及時因應所遭遇的變局，做出正確的修正與調整。

舉例而言：競爭激烈的市場中，突然有領導業者大幅降價、意圖擴大市佔率，此舉不僅造成同業間的惡性價格競爭，更引發同業為因應此一市場突襲所做的一系列策略調整。從基本的計畫改變而言，有以下幾個可能的作法：

1. 立即修正同級產品促銷價格，以防止客戶流失至主要競爭對手。
2. 提升高利潤產品的銷售 KPI 與獎勵，趁對手主打低價客群，反向鼓勵銷售人員銷售高端產品。
3. 加速推出新產品，創造客戶新的消費需求，不在原有的流血競爭市場中失血。

所以即使是原先計畫中沒有預料到的變數，當事情發生了，一個好的經營團隊應該立即進行反應與調整，才能夠有效的化險為夷。

◢ 企業經營就像政治，是一場充滿挑戰的危機處理之旅！

企業經理人面對層出不窮的市場變化，以及無法預料的許多天災人禍，不要受限於既有的管理手段與方法論，而是要懂得充份掌握「挑戰與機會」往往相生相伴的道理，在變局來臨的同時，也要冷靜的趁勢而起。

以下有幾個因應變局應該有的心態供大家參考：

一、居安思危是企業經理人的責任

「勾勒最佳的願景，也做最壞的打算」，企業在經營過程中要不斷地向員工、經營團隊、所有股東溝通與建構企業的願景，以創建企業的長期發展共識與共同努力的目標。但同時也要不斷地針對經營所面臨的挑戰，做出最大的風險評估，與面臨最糟的情況時該如何存續的打算，如此才能在變局突然發生時知道該如何因應。

二、落實公司目標與執行計畫連動

唯有將企業的營業目標轉化成具體可行的計畫，並確實分派至各級組織依計畫落實，才能夠在正常的營運中如期完成，並且在遭遇變局的時候立即清楚判斷該如何調整與修正。但多數企業往往在此一工作上，最難落實。

三、投資未來就是最佳的保險

維持現況是企業最大的風險，也是經理人最不應該有的思維。因為即使沒有巨變發生，在市場競爭的自然法則中，我們將會不斷地被對手挑戰，因此企業必須不斷追求進步、創新，與尋找投資未來的機會。無論是在原有的基礎上或是新闢的戰場，唯有不斷成長才是抵禦巨變的最佳方法。

四、危機就是轉機

　　企業經理人應該要持續保持正面思考和積極面對變局的心態，除了做出最佳的決斷來面對挑戰，同時也要懂得在挑戰中發現新的機會，而這樣的洞察力與積極尋求突破的心態，就是作為企業經營者最關鍵、也最寶貴的人格特質。

　　總結而言，在順境與景氣一片繁榮的時候，領導者的重要性容易被忽略；但在面對困境之時，則是領導者發揮最大價值的時刻。

　　我們在培育或挑選領導團隊成員時，不能只有以承平時期的表現來論斷，更要以企業面臨巨變與挑戰時的反應作為參考，觀察一個企業是否也具有相同發展潛力。當巨變來臨時，企業的應變能力及危機處理能力，正代表著它的未來。

Part 9

破框思維、
向上管理得到「晉升力」！

你的慣性思維方式、讓你只能任勞任怨！

◢ 努力為工作付出，老闆卻總是不滿意？

Diana 走進老闆的辦公室，戰戰兢兢地將手上的廣告及官網瀏覽數據呈放在桌上，老闆隨手翻了翻前面幾頁問道：「花了這麼多預算，有什麼具體的成果啊？」Diana 急忙地回答：「老闆，團隊同事為了這次公司的數位行銷活動加班了好長一段時間，我們把舊的網頁全部更新、把所有的產品介紹重新以新的方式放上官網、還把官網增加了和後台連結分析的功能⋯⋯。」

5 分鐘過去，老闆臉上逐漸顯現不耐的表情，打斷 Diana 的說明、再問一次：「你簡單地告訴我，做了這麼多工作之後，實際訂單增加了多少？」

Diana 有點錯愕地看著老闆回答說：「老闆，這個官網改版才完成沒多久，而我是負責 marketing 活動，但業務端的數據我還沒得相關務部門的反饋，網站得到的瀏覽量或是客戶詢問，也還需要業務 follow 後，才有機會進一步成為訂單，可能沒辦法這麼快有具體的數字⋯⋯。」

老闆徹底崩潰！悻悻然地說：「等你有具體數字再來跟我報告。下一次報告之前，不准再投新的預算到這個計畫裡了！」

◢ 你犯了「總務型思維」的錯誤嗎？

許多主管很容易犯一個錯誤：做得很快、做得很多，卻不一定有效果！而這個慣性是我們從小的教育方式所致，傳統的填鴨式教育、多以紙筆測驗來驗證學生的學習成效，而不是以學生的理解與創意呈現來評估其潛能。熟練地背誦能力決定了成績，訓練我們習慣於呈現「做了多少？」、「做得多快？」、「做得多準確？」，但卻鮮少思考「為什麼要這麼做？」、「怎麼做可以與眾不同？」。

有一些主管所抱持的態度都是：「我已經做了……但另外那一個部分不是我的職責……。」這就像是一個「總務人員」只管依照各部門的要求提供後勤支援，卻無法跨部門或是站在公司的高度思考，嘗試讓後勤支援也能化被動為主動、創造出不同的價值！而這樣不夠積極主動的態度我將其稱之為「總務心態」，久了之後就會養成「總務型思維」。

凡事先想到細節與既有的事實，卻少了勇於開創和打破框架的可能。這樣的主管做事總是鉅細靡遺、任勞任怨（因為這是他的工作特質），但卻很難讓老闆有眼睛為之一亮的表現，或是有對他的努力感到格外滿意的時候。

◢ 凡事採用「公關型思維」處理！

許多人可能不懂，為什麼政治人物需要公關公司的協助？又或是企業為什麼需要透過公關公司代為舉辦活動？關鍵的原因在

於：透過專業的溝通，讓自己或是企業的理念能夠充分地被顧客理解、接受。

若將相同的道理運用在工作上，就可以明白為什麼一個好的主管需要「換位思考」和「溝通技巧」。

跟老闆提出報告之前，試著先以老闆的角度來模擬可能的問題，並根據這個模擬的情境，去思考該如何呈現這一份報告。老闆想知道什麼？最重要的訊息是什麼？他期望看到什麼樣的成果？這些答案，決定了關鍵資訊及呈現方法，而且還必須在 3 分鐘內、讓老闆清楚地得到他最關心的資訊。之後，你才能夠爭取到老闆的耐心與關注，進一步理解你準備說明的其他細部資料。

換一個情境，如果你是一個行銷業務人員，如何面對好不容易約到的客戶高層？依循前述的相同原則，將會有意想不到的效果。

就如同一個好的公關人員在面對媒體、或是安排一場公開活動一樣，他必須清楚知道「受眾」是誰，如何準備充分且「適當」的資訊，以滿足「目標受眾」（target audience）的需要！更進一步還要在溝通的過程中安排「亮點」，試圖在受眾的腦海中留下完美的深刻印象。

亦或是面臨一場突發的危機，透過公關思維的充分準備，應該要有最適切的因應步驟及處理原則，而不會是憑著臨場反應讓自己、或企業去承擔可能蒙受巨大損失的風險。

具體來說，所謂的「公關型思維」就是一種「全面性涵蓋」的思考方式，一個好的公關人員必然關心最終的結果，但也總是

<u>追求過程順利與呈現的方式令人滿意</u>。因此，一位主管在職場上工作的態度，除了努力的在專業上展現出自己的能力之外，更重要的態度是要以公關型思維去面對一切挑戰。例如：能夠正面思考及勇敢面對問題、細心地考慮到各種應變方法、用積極的想法作為溝通的基礎、絕不使用負面情緒與不當的言詞等，都是最典型的公關型思維行為模式。

◢ 別再任勞任怨卻毫無表現！

你喜歡一個囉哩囉唆又碎碎念的主管嗎？你喜歡一個總是抱怨問題一堆、卻提不出解決方案的下屬嗎？你喜歡一個總是要求別人配合、卻又不喜歡與他人合作的同儕嗎？如果以上都是你不喜歡的類型，請切記！不要讓自己變成這個樣子。戒掉你的「總務型思維」模式，學習採用「公關型思維」的方法，因為只要願意改變，任何時候開始都不會太晚！

你知道為什麼老闆不信任你嗎？

◢ 三個工作好習慣，幫助你獲得賞識！

星期一早晨，辦公室裡的空氣瀰漫著不一樣的氣息。Canny正在準備稍後跟老闆 James 一對一報告的資料，但他心裡充滿了不安，因為上一次會議裡，老闆問了好幾個問題，對 Canny 的解釋都不是很滿意，雖然事後有補資料給老闆，但還是希望今天可以直接解決老闆疑惑、好好表現。

會議一開始，James 就開口提到：「你知道最近 XXX 公司那專案發生什麼事嗎？為什麼 delay 那麼久都沒辦法驗收？另外，部門的那個新來的專案經理是不是又不做了？他現在手上的案子怎麼辦？」。

這些問題連珠炮似的劈哩啪啦丟出來，Canny 有點反應不及，怯怯然地回答：「這些問題我正在處裡中，應該很快可以解決。我今天本來是想跟您報告幾個進度還不錯的專案……。」

James 直接打斷：「別總是報喜不報憂，我要知道實際的狀況！你的 team 究竟有什麼困難需要解決？你當主管的人要隨時掌握，不要每次我問你，都是正在處理中！這樣不行啦！」

這一次會議，顯然 Canny 又搞砸了！他不懂為何總是猜錯老闆關心的重點，明明做了充分的準備，卻總是被老闆的問題問倒，搞得自己非常被動，不知道該怎麼辦才好。

▲ 老闆心、海底針？

許多人抱怨老闆難以捉摸，卻很少去檢視自己跟老闆互動的狀況。其實你會和老闆不合拍，不外乎是以下幾種情況：

1. **專業能力不足，缺乏具體的建議想法**。因為能力不夠，提不出建議和想法，就只能順著老闆的毛摸，等待老闆下達指令才敢動作。

2. **現在的工作不是自己的興趣**。缺乏積極投入的熱情，當然會不斷出狀況，做什麼都得不到肯定。

3. **自視甚高，覺得老闆不如自己厲害**。你潛意識裡不太在意老闆的想法，甚至會想跟老闆爭論，堅持自己的意見。

在職場中，你會經歷不同的老闆，每一位的性別、年齡、專長、性格，甚至是國籍都不相同，所以，**你不能總是期望遇到欣賞自己、或是和自己特別契合的老闆，而是要嘗試調整自己、跟你的老闆配合，才能讓自己的工作與職涯持續向上發展。**

▲ 養成三個好習慣，成為老闆信任的人！

無論是擔任基層或是中階主管，都要具備「對下」和「向上」的雙向溝通能力，尤其是向上的溝通特別需要謹慎且細心，而養成下列的三個習慣應該有所助益：

1. **將老闆交辦的工作確實記錄、主動回覆**：當老闆臨時交辦任務，或詢問進行中專案的相關問題，而你手邊事情繁瑣、工作量較大時，你可能會請同事協助幫忙，或直接往下交代給

自己的部屬去處理。但畢竟老闆當初問的人就是你，無論你把任務交代給誰，你都要負擔起主動追蹤、即時回覆的責任，千萬別等老闆自己再回頭追問，這時候他已經覺得你不夠可靠了！

2. **在正式會議前，先提供報告的摘要**：想要確定老闆對於你的報告內容、或是最近的工作有什麼意見，可以在正式的會議之前，將最近的工作進度、預計要報告的重要事項，先以摘要的方式，透過 mail 或是簡訊提供給老闆。如果老闆真的有意見，你還來得及在正式會議前修正與調整。

3. **在任何人面前，都不批評自己的老闆**：這裡指的老闆，包含曾經的老闆和現任老闆，甚至不管你是否仍與他同在一家公司。即使你再不喜歡他，都不要在別人面前批評，因為，當你在評論自家老闆時，也等於告訴別人你不懂得感恩。

◢ 真心地向每一位老闆學習！

我自己在職場中遇到過許多貴人，30 多年來共事過的每位老闆都曾教會我許多事，也都有值得我學習與效法的地方。其實我年輕的時候，也曾經犯下過前述的毛病，但所幸很快地發現、並且真心地改變了自己，使得我工作的心態能夠更加健康、成熟。

衷心地建議大家，把握每個可以學習的機會，觀察你老闆的優點與長處，並且記錄下來、試著以他的視角與思維來仿效，我

相信一定會比你不斷地猜測與抱怨老闆不懂你，更能幫助你有所成長。

借鑑歷史、唯有了解才懂得如何跟隨！

▲ 常見的五種老闆，相處方式大不同！

Martin 剛剛將報告寄出去給老闆 Ken，不到 20 分鐘立刻接到老闆來電、劈頭就罵：「你做這個什麼分析啊？為什麼沒有照著我昨天在會議中所說的寫？」

Martin 解釋：「老闆，這份資料是用你說的方法分析，再納入各個部門的實際數據，可能因為資料比較完整，和你原先的預期不太一樣。」

這回覆不僅沒讓 Ken 冷靜下來，反而進一步發飆：「你的意思是說：我了解得不夠完整？我這個老闆的判斷很狹隘？就算是這樣，也是因為你沒及時更新資訊給我造成的吧！你不覺得要這份報告在呈上來前，應該先跟我說一下嗎？」

Ken 所傳達出來的口氣與情緒，讓 Martin 不禁想起之前其他同事被開除的情景。他強忍著自己的情緒，唯唯諾諾地接受 Ken 的一頓指責，承諾會立即修改，並將以最快的速度更新訊息，保證類似的事情不會再度發生。

事件看似平息了，但 Martin 心裡嘀咕著：「Ken 怎麼跟當初面試時、感受到的親和形象差這麼多？我是踩到哪一條紅線，讓他突然暴跳如雷？」。

◢ 你無法選擇老闆，但不能不了解老闆！

我剛步入職場的時候、總以為：「做事認真努力就會得到老闆的賞識！」結果卻在很多想不到的地方摔了跤，而且還摔得「莫名奇妙」，甚至還不知道是為了什麼摔跤？稍有一些經驗之後，以為自己懂得的「眉角」多了，花了很多的時間和精神在做「公關」，結果還是在許多關鍵時刻「被賣了」。

直到我變成別人的老闆，也開始反覆自問：「我希望自己有什麼樣的部屬？」及「什麼樣的人值得我提拔？」而這兩個問題應該也是多數擔任主管的人共同的困擾。

其實問題應該從「老闆」這個工作開始說起。鮮少人天生就是領導者，即便有天賦之別，領導的經驗仍須經過累積形成，每個人會有不同的性格與習慣，不同的老闆一定也會有不同的管理風格和個性差異。我將幾個不同的性格類型、用幾位歷史人物作為比喻，嘗試讓大家有些參考依據，知道該如何去與不同型態的老闆合作。

◢ 常見的老闆類型！你的老闆像誰？

秦始皇型：急於立功、事事微管理

這一類的老闆在登上大位前可能有較大的壓抑，包括工作上備受威脅，或是經過激烈競逐才掌握大權。他個人不願意受到限制與束縛，但對部屬卻有極大的不安全感，想要處處規範、事事

掌握。更重要的是：他想要立竿見影的成效，即使犧牲身邊的人也在所不惜。面對這類型的老闆，你必須凡事「劍及履及」即時回報一切狀況，「唯命是從」但別輕易與之交心。

唐太宗型：名聲絕佳，好大喜功

　　這個類型的老闆非常在意自己是否受到員工喜愛，喜歡聽到他人的讚美，但你也千萬別被他美好的名聲或和善的外表給騙了，因為他也是「未達目的、決不罷休」的倔脾氣。

　　這類的老闆不會暴跳如雷，或是規範多如牛毛，甚至會經常鼓勵大家多給他一些建議，但你千萬別傻傻地自詡為「魏徵」，畢竟能直言不諱又不招罪的人沒有幾個，最重要的是：他的好大喜功是隱性的，你若不能滿足他的虛榮心、也很難被重用！

隋煬帝型：才華豐沛，不擅於執行

　　這種類型的老闆具有浪漫情懷、才華豐富，最大的缺點是「耳根軟」又「剛愎自用」，缺乏面對自己的勇氣。

　　他有許多「創意」和「創新」的想法，但不擅於處理細節，請別期待他告訴你該如何去執行。面對部屬也還算大方，不吝於給予實質回報，但是他會期待你「感激涕零」。面對這類老闆你必須經常分享你的「新事」和「心事」，以滿足他的想像，但該如何把事情做好的問題，就別去煩他。

明太祖型：吃苦耐勞，因為自卑產生不信任

這類型的老闆是吃苦耐勞爬上來的，有比較強烈的自卑和不信任感。遇到很多事情，他會以「請教」的方式來詢問，但你不能真的以為可以「教」他，因為他的實戰經驗豐富，堆疊出強烈的主觀意識。多數時候他的每個提問，只是在測試你對於事情的了解程度，不是真的打算參考你的意見。而且這種老闆常會運用組織內的矛盾，喜歡聽小道消息、喜歡屬下彼此告狀，這些會讓他覺得「一切都在他的掌握之中」，所以「明哲保身」也不見得有用。

乾隆帝型：聰明又有領導天賦，容易信小人

這類型的老闆含著金湯匙出生，天生具有領導特質，但別以為他只是個「好命的傢伙」，他會非常仔細地檢視其在意的細節，有些時候只是「睜隻眼閉隻眼」並非不了解。

他特別喜歡聰明又美麗的人、事、物，凡是要給他的報告、活動、計畫，都必須考慮到精緻度。不過他容易犯下「寵信小人」的錯誤，應對的最好方法就是「別跟小人講道理」，順著老闆的意思去做。

◢ 不同的老闆、要用不同的方式合作！

綜觀以上幾種類型的老闆，似乎沒有哪個是「天縱英明」的對吧？這就是真實的職場，每個人都有優點及缺點，如何將優點

極大化、將缺點及時改正，就是能否成功的關鍵。雖然你沒有太多選擇老闆的機會，但至少懂得該如何與各種類型的老闆合作，唯有不斷地調整並且自我成長，才是最佳的職場生存之道。你的老闆是哪一型，你看出來了嗎？

你知道自己為什麼止步於中階主管嗎？

◢ 五種錯誤心態、再難往上進階變高層！

Allen 和 Michael 一起主持兩個部門合作的專案例行會議，雙方同事分別報告進度，但兩人的反應完全不同。Allen 專注聆聽不同人的報告，每個人報告時也會提問和給予建議，報告結束後，還會主動說一句：「謝謝你的報告！辛苦你了！」

反觀 Michael 大多數的時間都盯著自己的筆電螢幕，雖然不曉得是否正在瀏覽同仁在報告的簡報資料，但可以確定的是，Michael 不太常和同事互動，也似乎不清楚每位同事在專案中的角色。

當他的部門同事提出想增加約聘人員協助處理資料時，Michael 卻回答：「這不是 Allen 的部門應該處理的嗎？」但是這個任務從專案開始，就一直屬於 Michael 團隊的工作範圍，所以 Allen 心裡不免覺得詫異，但考慮到專案不趕快收尾，反而帶來其他風險，也不讓 Michael 的同事為難，反問道：「是什麼樣的資料處理？需要短期約聘多久呢？」最終在 Allen 的默許之下，由他的團隊約聘一位 3 個月短期工讀生來幫忙。

　　類似的狀況在 Michael 團隊與其他部門合作的過程中層出不窮，因為 Michael 是公司最資深的專案部門主管，別人不好說些什麼。但沒多久之後，公司發出一則公告：由 Allen 晉升專案處處長，負責統籌所有專案。Michael 原以為這個位置是自己的囊中物，沒想到讓一個年資、經歷都差他一截的年輕主管變成他的老闆，自己卻想不透是為什麼！

◢ 中階主管最容易犯下的五大錯誤！

　　每位主管都經歷許多學習和職場競爭，才從基層工作升遷成管理職，這也意味著 Michael 在能力和工作態度必然有其優點，才能夠獲得賞識而晉升。

　　但正因為職場升遷需要經過競爭和比較，而且主管的工作也不僅只侷限在自己的團隊，勢必須與其他平行單位協作，很容易會為了內部競爭，養成錯誤的觀念與習性。中階主管長期未能得到晉升，很可能就是下列五個錯誤造成的阻礙：

一、慣性的本位主義

　　這是中階主管最常犯下的錯誤。本位主義可說是一種人性的本能，就如同動物有地域性的領地意識，但你若是要領導更廣、更大的領域，就必須先克服慣性思考中的本位主義，從更高的視野及跨部門的協作去思考、如何為組織創造更大的利益，才能夠跳脫現有的位階，讓人覺得你有勝任更高職務的潛力。

二、忽略團隊成員的貢獻

　　許多人會在好不容易晉升主管後，潛意識地相信一切都是靠自己的努力和能力，因而不重視自己的團隊成員，或是因為不善於管理，而忽略每位成員的個人感受，導致管理缺乏溫度，使整個團隊變成一個人的舞台。

三、聽不進別人的建議

　　每個人都不是完美的，如果在晉升後還有幸遇到同儕或主管，願意真誠地提醒你有哪些缺點或是壞習慣，千萬不要覺得羞愧和生氣，反而該感謝這些給你建議的人，因為這對你會是最大的幫助。更重要的是：如果你反覆聽到相同的提醒或告誡，你也必須慎重地思考，自己還擁有這些人的信任和支持嗎？

四、好為人師，說得多、聽得少

　　有一點成就的主管，無論是否具備領袖特質，都難免有「好為人師」的習慣，總是「說」比「聽」少；喜歡提問、卻不一定有耐心聽回答。更糟的狀況是當部屬的回答與自己的想法不同，就直接打斷，以自己的看法取代，這樣的結果是：聽不到部屬說的實話，也會讓你得到一個「不愛聽實話老闆」的封號。

五、不甘心吃一點虧

　　大格局和大氣度說起來容易，做起來卻非常困難。從基層逐步邁向高層的過程中，你會遭遇到許多利益衝突的兩難決策，應該儘量跳脫組織的框架，站在更高的視野去判斷，別將難題都丟給老闆、或被動等待公司要求，而是應主動提出自己的看法，很快你就會體會出「吃虧就是佔便宜」的道理。

◢ 三個轉念，增加職場升遷機會！

　　我長期的觀察與帶領不同專業領域的同事，發現三個共通的特質，即使專業不同也能助你脫穎而出，邁向高階主管的道路：

1. 總是正面思考（Always positive thinking）
2. 任何問題都願意面對（Any problems can solving）
3. 所有人都能成為朋友（Anyone can be friends）

　　職場雖然競爭激烈，但如果保持願意學習的心、努力嘗試「建構影響力」（向上管裡、平行溝通、向下領導），你會發現提升能力與正向思維，將會讓競爭不再是你的負擔，還能成為一種動能，讓你更優游自得、而且能不斷前進。

❖ 建構影響力 ❖

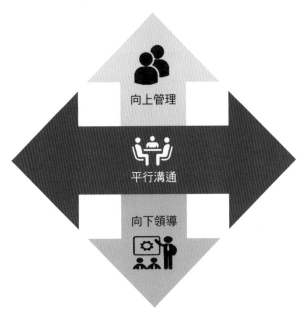

懂得提早作好打算、才不怕被職場淘汰！

◢ 有策略的發展自己的職涯、免於當一輩子社畜！

Merry：「Hi！Martin 恭喜呀！聽說下個月就要退休了，不過你這麼年輕就決定退出職場，真的蠻令我驚訝的！」。

Martin 輕聲回道：「謝謝，實在是因為這幾年工作太忙了，趁這個機會先休息一下啦！」。

一會兒功夫後，Kevin 走過來：「Martin 恭喜你啦！退休後計畫做什麼啊？有機會多回來看看我們，約一下打球喔！」。

Martin：「沒什麼計畫啦！先休息一陣子，再看看有沒有什麼其他機會。打球沒問題，反正閒閒沒事幹，隨時可以約！」

就這樣，從 Martin 即將「被退休」的消息傳出後，他不斷被同事問候及關心，這讓他非常尷尬，也非常困擾。所以他決定，從下週開始將剩下的特休一次請完，免得每天面對這些不舒服的「祝福」和「問候」。

才 50 歲出頭的 Martin，在公司已經服務超過 15 個年頭，卻一直都在後勤支援部門。雖有幾次晉升的機會，但要不是必須調離原有部門、轉做業務性質工作，就是要離開北部到分公司任

職。Martin 自己猶豫、家人也反對，最終只得與這些機會擦身而過。沒想到今年公司因營運受到疫情影響，老闆決定裁減後勤支援人力來降低成本，Martin 就成了老闆第一想到要「優退」的對象了。

◢ 職場如同企業發展，必須有策略計畫！

許多年輕人初入職場的時候，會有「先有工作、不行再換」的心態，甚至對於自己的興趣、專長及應該具備什麼能力都沒想清楚，因此花費許多摸索的時間在不適合的工作上。不但沒累積應有的實務經驗，更虛擲了自己的時間及公司的寶貴資源。

一般人進入職場的時間，大多介於 25 ～ 30 歲之間，若以勞保訂定的 65 歲退休為標準，我們的職場生涯應該至少有 35 ～ 40 年，而且職涯順利與否，也直接影響了我們的人生。所以實在不該走一步算一步，以被動的方式面對職場發展。

一個人的職場發展能否順遂，就如企業的經營能否成功一樣，你必須及早做好完備計畫、確切落實這個計畫。如此一來，在過程中遭遇困難或發現計畫有所缺失時，才能夠及時修正、補強。因為唯有這樣的用心和投入，才能夠真正掌握自己的職涯主控權，而不是將自己的職涯寄託在「工作運」或是「順其自然」的發展。

◢ 職涯的四個「5 年計畫」！

如果將我們退休的那一天提前放到今天來評估，你希望自己在退休那天達成什麼樣的目標呢？而我們為了達成這樣的目標，必須做出什麼樣的準備？並且在每一個不同的階段完成哪些事情呢？

我建議可以將自己的職涯分成幾個階段性的計畫來執行，各階段都有不同的目標，並採取 PDCA（Plan、Do、Check、Action）的滾動式計畫檢討、修正方式，逐步朝向自己的終極目標去努力。如果執行成果超出預期，可以適時提升最終的目標；即使執行狀況不盡理想，也可以及時修正，找出調整的方向。

其中，剛入職場的前期及中期，這兩個階段尤為重要。一旦有了好的開始，就有機會比別人更早釐清方向，做出更充足的準備，成功的機會也就比其他人提高許多。因此，做好四個「5 年計畫」應該會有所幫助：

- 第一個 5 年是「建構期」（26 ～ 30 歲）

  a. 決定自己要深耕的產業、工作性質、未來的發展路線。

  b. 設定自己要加入的企業、年資與經驗累積的目標。

  c. 擬定職業專長的學習計畫，考取證照或累積人脈。

- 第二個 5 年是「強化期」（31 ～ 35 歲）

  a. 檢視第一個 5 年計畫的落實狀況，確認目標與路線的延續。

　　b. 設定第二個 5 年的工作目標，決定朝專業職能或管理職能發展。

　　c. 擬定第二專長或跨領域學習計畫，並設定具體成果目標。

● 第三個 5 年是「創造期」（36 ～ 40 歲）

　　a. 針對當前環境與科技發展趨勢，擬定下一個 10 年的職涯策略。

　　b. 檢討自己當前的資歷、經驗、能力的不足之處，設定補強的目標與計畫。

　　c. 設定第三個 5 年的職涯發展目標，並提前思考：模擬轉換職能、轉換工作、創業等事件發生的狀況與因應策略。

● 第四個 5 年是「成熟期」（41 ～ 45 歲）

　　a. 建立你獨特的價值，讓認識你的人有需要時，第一優先想到你！

　　b. 盤點你的職能籌碼及人脈，思考如何讓優勢極大化。

　　c. 持續學習、分享自己的經驗與學習成果，借力使力、擴大成果。

　　當然，多數人的職涯都不只四個 5 年，但若能夠在進入職場前，就擬定第一個 5 年計畫，且每個階段都按部就班落實、提前思考下一個 5 年該怎麼面對，我相信，職場發展與工作順遂是可以預期的。

　　誠如許多成功者都曾經提醒過的：「機會是留給準備好的人。」我們雖無法準確預測未來的發展，但一定可以更自律，為了提升競爭力，事先做好準備工作。千萬不要只在面對挫敗、遭

遇無預警挑戰時，才抱怨「千金難買早知道」，如果你還沒有為
自己的職涯發展設定目標與計畫，任何時候都不嫌晚，現在就動
手開始做吧！

Part 10

勇於突破、驅動變革，
建立「領導力」！

你是位合格的領導者嗎？危機處理能力才是關鍵！

▲ 後疫情時代、該把握的四個趨勢！

2020 年 3 月的某天晚上 10 點，Alan 的手機突然響起、接起來聽到 Kelly 緊張又急促的聲音：「老闆，抱歉這麼晚還打電話給你，但事態緊急、我必須立即通報。」

Kelly 接著說：「我們一位同事剛接到疾管局疫調中心的電話，因為他 3 天前去客戶那邊開會，但這個客戶已經證實有位員工確診為新冠肺炎。我們這位同仁沒有直接接觸確診病患，但被要求須居家自主健康管理 14 天。」

Alan 腦中立刻湧現好多個問題：「這個同仁有沒有被傳染？他有再進過辦公室嗎？又有哪些人和這一位同仁接觸過？如果同仁確診了，要不要立即封閉辦公室讓所有員工在家上班？即將交貨的客戶訂單該怎麼辦？」這麼多問題需要釐清與追蹤，該怎麼應對？

Alan 先指示：「請這位同仁不僅是自主健康管理，而且要遵守居家檢疫的標準、在家上班不要外出，並且請資訊部門立即快遞一套 VPN 路由器給他，方便他用外部網路連線進公司系統，以避免資料外洩或是讓內網有被駭的風險。」

Kelly 同時建議：「我們是否應該立即啟動公司的 BCP 計畫（Business Continuity Planning，業務永續營運計畫），讓緊急應變小組成員加入討論接下來要採取的措施？」

Alan 指示：「當然，立即在公司的即時通訊裡開一個群組，召開線上會議討論，議題包括：辦公室消毒計畫、客戶遠距會議作業辦法、改採數位內容取代實體交付服務、現有同仁是否採取分流、異地辦公，或是部分同仁以 A、B 班方式輪流在家上班⋯⋯。」一個狂潮突襲的氣氛及應變的工作，立即佔據了 Alan 整個週末的時間。

◢ 領導者能從危機中學會的事！

一場無法事先預料到的疫情，就像是金融海嘯、突然發生的天災一樣，不僅會讓企業瞬間面臨巨大的挑戰，更有可能讓企業就此一蹶不振，累積多年的經營成果付諸流水。

2020 年的這場疫情不僅造成全球數百萬人染病、奪走數十萬人的生命，更讓許多國家、企業與個人都陷入空前的危機。但也正因為這一場危機給了我們學習的機會，促使我們更深刻的反省與檢討，究竟應該從中學會些什麼？還能做些什麼改變與調整，以因應未來可能的驟變與衝擊？

一、掩蓋事實，是最愚蠢的策略

這一場疫情教會我們的第一件事：「掩蓋事實絕對是最愚蠢的策略！」

現在的訊息不僅流通迅速（無論真、假訊息皆然），病毒和口碑的傳播速度倍速激增、感染力也達到巔峰，無論是對抗疫情或是經營企業，掌握正確的資訊、即時且透明的分享資訊，是解決問題的根本之道。

二、別輕忽危機可能造成的影響

透過這一場疫情，讓我們以最真實的角度看到不同的國家、不同的組織、不同的企業如何對抗疫情及因應危機處理。可從中發現第二個經驗：「無論任何事、謹慎以對才是王道。」

在這一場疫情中，所有的重大損失或是失控的情況，都肇因於「輕忽疫情的影響」。不管是考量到經濟的影響，或是基於政治考量，缺乏當機立斷的決策、採取立即且超前的預防部署，才會導致許多重大的損失（包括財產與生命的流失）。反證到企業的經營似乎也有相同的風險，如果我們輕忽這一次疫情對於產業變化的影響，或是對於可能產生新的商業模式缺乏因應的思考，那麼下一波的疫情後續影響將會吞噬企業的未來。

三、針對未來，需有及時的應變計畫

歷史的洪流已經在許多地方、為我們留下值得參考與學習的紀錄，每一次的災難和挑戰雖然都會帶來巨大的傷害，但也都驅動了新的改變和創造了重生的機會。誠如這一次的疫情所造成的全球大規模的活動停擺、國際交通流量驟減、製造業停工、消費性活動瞬間急凍、大型群聚性活動全部停辦。

　　雖然嚴重地影響了全球經濟的運行，但卻也意外地為地球的生態創造出難得的喘息與復原的生機，例如：義大利威尼斯的水域可清澈見魚、印度孟買的空氣污染消失重見藍天，都是這一場災難中還值得慶幸的改變。

　　若從企業面對巨變應有的思考方向而言，除了立即省思本身的應變能力是否俱足以外，也應該研判未來的發展趨勢、並且做出及時的計畫和準備。

　　以應變計畫而言，個人認為有下列幾個重點：

1. **企業的 BCP 計畫是否完備？** 特別是針對重大傳染性疾病的發生與處置，應藉此機會重新檢視並進行演練。

2. **企業的數位化程度是否成熟？** 所謂數位化的程度絕不僅只是可以透過 Webex、MS-teams、Zoom 做遠距視訊會議，或是提供 VPN 可供員工連線回公司並且在家工作而已，而是企業的運作從策略擬定、工作模式的設置，到員工將數位化工具與方法嫻熟地運用在日常工作中，隨時可以因應衝擊而改變工作的型態，而不會降低工作的效率。

3. **企業的危機意識是否足夠？** 在這一次的疫情發生以來，企業是主動地依照已經建立的計畫提前因應？還是被動地依照政府的要求、或是因疫情嚴峻而匆促地調整作法？甚或是企業至今仍未做過任何因應！無論你的企業屬於哪一種狀況，從現在開始應該立即檢討及思考未來的因應之道。

▲ 後疫情時代，你該注意的四個重點：

1. 全球化浪潮已逝，內需經濟與區域性市場將成主流！因為各個國家為復甦自己的經濟，創造內需及補貼自有的產業將是唯一可控的手段。

2. 區域性對抗已難避免。但我們要與對立情緒脫鉤、不要忘記危機常常也伴隨著進入市場的機會。不管是對我們應該投資的市場（國家、地區）或是客戶，一定要確實把握住最佳時機。

3. 多數人的人際互動方式、消費模式、生活的習慣均將產生變化，針對這類變化而衍生的「宅經濟」「眼球經濟」「保健經濟」將會是新的機會。

4. 許多產業會面臨重新洗牌的狀況，藉此機會重新建構更有競爭力的未來，無論是整併、或是建立新的合作，將會是許多企業難得的機會。

綜合前述的挑戰和機會，我們必須有這樣的覺醒：每一次重大的天災人禍都是令人遺憾的教訓，但若我們能夠誠實地反省和檢討，並且積極地將企業不足的部分補足，並嘗試掌握未來的趨勢做好超前部署，或許在這樣巨大的衝擊之後，我們可以重新開創一個更美好的未來。

企業無法創新變革的三個困局！

◢ 缺乏勇氣的經營者、目光短淺的經理人！記得離他們遠一點！

Daniel 希望在今天的視訊會議能夠讓老闆同意、通過下個年度的開發計畫和行銷的費用，老闆卻質疑 Daniel：「為什麼研發的新產品上市後的銷售成果不如預期？」而 Daniel 也如實回覆：「因為多數客戶仍不清楚新產品與其他競品的差異，仍需要一點時間教育市場，所以才需要在下個年度加速行銷推廣。若只是有產品，卻不願意投資相對的行銷，當然結果會不如預期！」

沒想到 Daniel 的這一番說明卻惹惱了老闆，並且斥責他：「我們既有的產品不好嗎？為什麼一定要浪費這麼多資源去做這些呢？公司的獲利才是最重要的事，你不知道嗎？」

Daniel 只好回應說：「老闆，當初你挖角我來公司的時候，希望我組建團隊加速開發新產品，就是因為既有的市場已經競爭非常激烈，毛利下滑不說，還有許多新進業者加入，所以我們才需要開發新產品、新市場不是嗎？如果我們不堅持信念去創新，真的能夠守著現況發展下去嗎？」語畢，Daniel 默默地等待連線的另一端發出聲音，但大家都靜默不語。

▲「聚焦當前」與「投資未來」，孰輕孰重？

許多企業在面臨市場競爭加劇、或新的商機尚未明朗之際，經常會在要堅守既有的生意、或是加速開發新市場之間掙扎與兩難！雖然許多企業領導者都清楚必須要投資未來，但是面臨經營的壓力，以及新投資成敗的不確定性，難免會因為資源不足或調度困難而產生猶疑。

然而，**多數能夠持續創新或是轉型成功的企業，都印證了唯有勇敢破壞既有的商業模式，才有辦法擺脫同質競爭而不斷地成長**，就像蟲蛹必須突破包裹在自己身上的舒適保護，才能夠展開翅膀翱翔天際一般，**企業成功不變的要訣就是不斷的蛻變**。

▲讓企業創新動能不足的原因是什麼？

企業能否持續創新，關鍵在於領導者！下列幾個困局是使領導者缺乏創新與變革思維的主因：

一、「經營者 vs 經理人」的困局

當經營者在乎短期利益多過長遠發展時，專業經理人即使有創新與改變的企圖，也不易獲得足夠的支持來驅動創新。此時，企業將會因此難以吸引具有創新思維的人才，反而形成不願創新的文化。

而即使經營者具有創新的想法，但若缺乏具體的策略與堅定的決心，也常會因為企業缺乏激勵與淘汰機制，致使經理人缺乏

動機與壓力而只安於現狀。這一種情況更多時候是發生在長期缺乏新血注入，導致企業組織同質性過高而忽略外部危機。

二、「短期目標 vs 長遠發展」的困局

企業在設定組織的目標、或是激勵團隊的實質薪酬結構時，為了及時有效地發揮管理效能，多數時候是以當年度的達成狀況來給予報酬，例如：業績獎金是以月、或季、或年度計算，而績效獎金也是多數以年度的考績為依據。

因此，若考慮自身的實質報酬與利益，組織中的成員會漸漸變得目光短淺，只想著達成眼前的目標為第一優先，包括高階的經理人也不例外。所以，當企業無法擬定更具體的長遠策略目標，為創新與變革給予組織成員實質的報酬和鼓勵，或是常設專門的組織進行創新的投資，那麼即使有再多的想法，最終都會因為缺乏實質誘因而無法落實。

三、「資源分配 vs 有捨有得」的困局

從企業經營的角度而言，若是將資源投入在創新的工作，會對既有的獲利模式產生資源的排擠效應，但若不投資未來，又擔心既有的獲利來源會逐漸失去優勢，更大的挑戰則是無法精準掌握創新的成功與否，這些不確定性也就成為企業對創新遲疑的原因。

面對這樣的兩難，企業必須要學習的事情就是「加法思維」與「減法思維」，將最值得投入的新項目依優先順序列在加項，

將最應該停止經營或減少投入的項目依序列在減項，當資源的分配產生衝突，對照加、減項目的利弊與得失，就可以清楚且明快地做出抉擇。

綜觀今日企業領導者的挑戰，經理人也要具備經營者的高度，並且更長遠的去思考企業的永續發展與未來，而經營者更需要清楚知道唯有不斷的創新與變革，並且給予團隊投入創新的實質激勵，才能帶領企業在面對快速變革的競爭中持續突破困局，並且能獲利與成長。

無法預期的意外、才是企業最大的風險！

◢ 領導者不可缺乏的政治敏感度！

　　Allen 正在開車往公司的路上，但是他的心理有些惶惶不安、猶豫著該不該進辦公室，因為自己前 2 週才從日本旅遊回來，雖然已經遵守政府的規範居家檢疫即將屆滿 14 天，但還差 2 天才算真正期滿、公司卻有一大堆文件等著他回去簽核，真的不知道這樣會不會被發現、被處罰？

　　另外，Billy 收到一封標題為「新冠肺炎最新防疫須知」的電子郵件，迅速地打開信件的附件後、卻發現只是一張 2 週前公告的資訊，他不禁擔心自己是否不小心打開了「釣魚郵件」，因為在許多 LINE 的群組中一直提醒說：駭客利用熱門的新聞事件、或是大家關心疫情發展的心理弱點，而設法入侵企業的電腦和網站。

　　Martine 每天到達辦公室的第一件事，就是詢問今天是否有同仁請假，深怕有人感冒發燒還來上班，要是有同仁不幸被傳染到，那麼公司可能就要面臨大批員工必須居家隔離、生產線必須停工的險境，因此，落實預防的措施：包括每天徹底對辦公室與工作場域做好消毒工作，對員工宣導身體不適一定要立即就醫，

並且要及時請假不要勉強到公司上班。雖然已經繃緊神經在防堵，但仍擔心萬一疫情持續擴大、這些措施仍不足以因應，究竟應該還要做些什麼準備呢？

◢ 你的公司有「緊急應變計畫」嗎？

2020 ～ 2022 年 3 年期間的時空似乎回到 2003 年 SARS 防疫期間，各機關、大樓、辦公室入口均設有檢疫站台，須配置體溫計及大量防疫人力執行篩檢。但現在的挑戰更甚於當年，因為 20 年來全球化趨勢使然，跨國際的交流頻繁使得疫情已經迅速的擴散至全球。另一方面，也因為科技的進步導致企業工作高度依賴網際網路，而一旦疫情持續發燒、網路的高度使用卻缺乏連線安全，僅只是透過現有的措施，將不足以因應衝擊及維持企業的生產力。

其實，考慮到疫情若無法迅速消退，企業應該著手準備分散風險的「緊急應變計畫」，如同中央主管機關設置「防疫指揮中心」一樣的道理，指派專責的人員與專業的同仁擬定計畫，根據未來可能發生的狀況進行模擬，並訂出該採取的行動步驟。下列幾個大方向可供參考：

一、分級啟動

建議根據主管機關的疫情擴散的官方資訊，針對企業所在行政區域疫情狀況（確診人數），訂定緊急應變計畫啟動的層級，

並且明訂每一級緊急應變計畫可以啟動的標準、負責的主管及參與人員。

二、分散風險

根據此次的疫情擴散的型態,最需避免的就是「群聚傳染」!因此,頻率越高的接觸及群聚就會有越高的風險,所以,為避免增加感染的風險,臨時性的分散辦公室、在家工作、遠距或網路會議與教學……,以減少通勤、差旅、頻繁進出聚眾的場所,都是應該要思考的規劃。

三、超前部署

如同現今防疫作戰最常提出的觀念,企業在因應未來可能的疫情變化時,不能僅只是考量到避免群聚的透過網路、電話、視訊溝通工作而已,也要進一步考量到公司的營業祕密、客戶個資、系統資訊是否有外洩或被入侵的風險。因為,資訊安全的風險也將會是企業因應這一波「數位變革」後,不能不正視的重要問題。

◢ 企業即將面臨的資安衝擊!

一、資安意識不足,恐為駭客打開攻擊的大門

根據台灣資安大調查,「員工資安意識不足」連續 2 年蟬聯企業無法阻擋資安攻擊的主因。在駭客攻擊手法及技術越來越多

元的同時，大眾的資安意識卻進展得相當緩慢，許多企業若在因應疫情而迅速轉型的當下，未完全思考到駭客攻擊的危險性，將會使企業遭遇更大的風險。

二、資安人才荒，企業短期難以補強

因應 2019 年資安法正式公告施行的法規遵循，政府、企業的資安人力編制需求也比以往高。企業平均資安人力需求從 2018 年的 4.7 人，到 2019 年時已成長為 7.1 人，2020 至 2024 年每年更以 10 ～ 15% 的比例成長。然而資安人才目前已出現缺口，無論是政府或民間，都已經面臨資安人才荒。

三、M 型化資安投資趨勢，中小企業暴露更高風險

根據觀察，台灣產業界對於資安投資呈現 M 型化趨勢，相較於政府機關和大型企業，中小企業資安投資已明顯有著貧富差距的現象，包括資安方案建置及專責人才招聘預算偏低。

四、攻擊手法多元化，傳統存取控制已無法阻擋新型態威脅

綜觀現今的資安攻擊與防禦情勢，攻擊手法多元及複雜，加深了資安管理與防禦的挑戰性，傳統仰賴於「人」的資安管理模式，已不再足夠抵擋現今的資安威脅。

過去幾年台灣在政府、金融等機關與企業已經有著非常好的資安意識與投資，但在一般企業（尤其是中小企業）則明顯的仍

有不足，值此全球遭逢疫情災變的同時，企業應正視未來發展趨勢並藉此機會推動數位轉型，強化企業彈性因應天災人禍等變數衝擊的能力，同時也將關鍵的資訊安全的漏洞加速地彌補起來，如此一來，才能夠讓企業在未來更激烈的競爭中保有優勢。

數位轉型是苦口良藥？還是毒蘋果？

◢ 公司啟動轉型、你該抓住哪些重點？

Frank 走進機房監督著工程師逐一將主機下架，心裡卻有著一點微微的不安與擔心，回想這機房中的一切都是自己一手打造出來的，但現在也在自己眼下逐一被淘汰。

公司從 2 年前開始就將系統資料放到雲端上儲存（cloud storage），因為實體的機房建置必須每隔幾年就要有新的投資，不僅是硬體的效能提升、軟體的版權要升級，還要不斷增加系統維護的人力。所以，老闆在每年要求控制預算、卻都不見成效的情況下，選擇了啟動「公司數位轉型計畫」，將系統往雲端服務（cloud services）上移轉。

除了隨時可以依照公司的使用量而彈性擴充，更因為可以隨著淡、旺季而臨時加租或減租，整個資本支出可以有效控制，更可以將資訊設備投資費用化，有效地提升了公司的經營效率與績效。然而，也因為如此，Frank 所帶領的 IT 部門原有負責的工作，隨之受到衝擊與變革。

近年來「數位轉型」的風潮正快速地席捲政府、企業，以及各種型態的組織，但不論正反兩面的評價差異如何，不可逆的

趨勢卻是越來越多的。民眾、消費者和企業已經脫離不了「網路」、「社群」、「數位化」，而這樣的趨勢究竟為企業帶來什麼樣的改變？作為企業主管又應該做好什麼準備呢？

◢ 數位轉型帶來的改變！

新技術所帶來的改變雖然不是一夕生變，但是隨著網路技術的突飛猛進、頻寬價格迅速滑落，使得「網路」已然成為所有企業經營的關鍵基礎。但真正的挑戰是如何透過網路創造出企業的優勢，而不是將網路視為工作而已。

另一方面，也因為「共享經濟」的概念迅速發展成型，企業必須專注於整合與應用，並善用虛擬化的特性，才能夠真正發揮數位轉型的效能。所以，我們可以預見幾個重要的改變趨勢：

一、企業資料分析與整合能力（Data Analysis & Integration）決定「資訊力」

過去一般中小企業無力投資龐大的 IT 系統，所以「資訊力」無法和大企業競爭，但未來這將不再是屏障，因為透過網路與雲端服務的供應，即使是中小企業也能擁有與大企業相同的 IT 效能，但差別就在於對於資料的分析與整合能力。

二、企業的數位溝通能力（Digital Communication）決定「行銷力」

如果你的企業仍以 e-DM、e-mail、web-site 作為和客戶溝通

的主要管道，那麼你真的必須擔心自己公司的數位溝通能力已經落後！

今天已經是一個 3A ＋ S 的時代（Anytime、Anywhere、Any Devices ＋ Social），誰擁有數位溝通能力，誰就能帶動潮流，所以「e 化」並不代表已經真正的「數位化」，唯有融入創新且貼近客戶的思維，才能夠真正打破框架，獲得虛擬世界的力量。

三、企業的組織進化能力（Organization Evolution）決定「創新力」

如果一個企業在過去 3 ～ 5 年從未進行過組織調整，或是經營決策人員從未工作輪調（job rotation），代表著這個公司是穩定嗎？舒適嗎？還是已經缺乏進步的動力？

在今天技術與觀念快速進步與變化的時代，過去所謂的「變形蟲組織」（amoeba organization）已經不足以因應了！企業必須具備否定輝煌過去的勇氣，以及不斷反省的能力，並且快速敏捷地為下一個成功主動出擊，這也是企業能否創新進步的關鍵，而我們將這樣的主動改變稱為「組織進化能力」。

◢ 該如何建立一個「進化型的組織」？

過去多數的企業成長都是由上而下的驅動，企業會先有一個強勢的領導者，並且因為他的高瞻遠矚，所以才能帶動一個公司快速與巨大的成長。也因此，許多企業願意高薪挖角其他公司的

執行長來救火，或是扮演少康中興的救世主。今時今日這樣的戲碼仍在不斷上演，雖然成功的案例不少，可是有更多失敗的例子卻很容易被忽略掉。

數位轉型當然需要公司領導者強力的支持，但更重要的事情是：培養組織能夠自主轉型的動能，就如同人的免疫能力一般，經過外來的刺激之後，就能激發出更健全的自我防禦與修補能力。因此，下列幾點可以作為建立組織進化能力的參考：

1. **真正了解客戶的客戶**：透過外部的力量檢查企業仍不夠進步的地方，特別是客戶對企業的觀感。不要再「諱疾忌醫」的只做一些自我安慰式的年度客戶滿意度調查，應該善用數位環境與科技。例如：透過網路社群讓每一個客戶都隨時反饋對企業的建議，或是透過大數據的資料蒐集，充分即時掌握客戶的客戶其消費趨勢，適時調整企業的組織與人才，以因應客戶的期待。

2. **善用基層與年輕世代**：創新的世代就是拋棄陳規、打破框架的世代，不要因為既有的制度與規範而侷限企業創新的可能，鼓勵創新和改變，對於錯誤的嘗試給予包容，勇於授權給基層與年輕世代，讓創意的種籽可以在組織內萌芽、成長。

3. **讓組織維持在活水狀態**：要讓組織中的「重要人才」、「關鍵職務」都不斷地有儲備的替代人選，並且應避免讓人才在一個固定的職位不變動。因為唯有讓人才經歷不同的領域、挑

戰和學習，才能夠真正產生組織的相互融合與團隊合作；反之，則會造成山頭與派系林立，人才無法真正被發掘，也無從發揮。

每一個企業都設置有人力資源部門，但多數聚焦在招聘、教育訓練和少部分勞工關係的處理，較少有企業會投注心力去關心組織的結構性問題。其實，若能夠有效地運用上述的方法，並搭配比較積極的激勵方法，例如：即時滿意度的獎勵、內部創意提案競賽，或是職務輪調的獎勵等，就能逐步建立企業進化型組織的文化與氛圍，以滿足企業轉型與成長的需要。

如果效率不增反減、那為什麼要變革？

◢ 數位轉型浪潮退去後的省思！

Martine 盯著電腦螢幕上密密麻麻的表格，要趕在下班前提交合約用印的電子簽呈並完成簽核，為了避免系統未及時送出簽呈、核決權限被提升至總經理，讓時程耽擱導致客戶棄單，他不得不中斷和客戶的視訊會議。

另外一頭，Martine 的主管 Allen 正在和法務部門主管 Merry 通話，他嚴肅說道：「Merry，我知道客戶的採購合約中，有關違約賠償的條件比較嚴苛，我們會有一些風險和可能要注意的地方，但我們後端負責供裝及服務的團隊評估過這個 case，會發生延誤或無法即時交貨的可能性極低，你難道不能有一點彈性嗎？」

Merry 回答：「你們這樣的情況就應該提早溝通啊！我們法務人力這麼有限，哪有辦法每一個 case 都這麼清楚你們實際的狀況，我們只能就合約的文字與條件進行審閱啊！否則發生問題，你們又要說法務沒有盡責！」

Allen 順著 Merry 的話回說：「我們不是沒有提早溝通啦！是我們的電子合約系統，再加上簽呈系統，流程真的很複雜，每一

次修改條件或文字內容，就必須重新跑一次。再加上我們的法務同仁很忙、一份合約審閱都要好幾天，甚至要超過 1 週以上。我們真的沒辦法跟客戶爭取更多的時間了。」

Merry 口氣略帶威脅地反問：「你是對公司的數位轉型策略有質疑嗎？總經理就是因為要落實公司治理的原則，才要求將合約全部數位化，若是部門不配合的話，轉型政策就無法達到原有的目標，我覺得老闆應該非常不樂見業務部門是這樣的態度。」

Allen 的火氣也上來了：「我不是反對數位轉型的大策略方向，而是我們的客戶撂下一句話：『為什麼同樣的條件，其他公司 3 天下單完成用印，而我們公司卻用了 2 個禮拜還在拖延時間？』數位化了半天卻沒有提升效率，你覺得前線的業務還幹得下去嗎？」兩人的對話因此不歡而散。

◢ 新世代不再願意被繁文縟節綑綁！

COVID-19 對企業經營所造成的最明顯衝擊，莫過於因 WFH 造成的工作模式改變、辦公室潛規則的破壞，原來每天朝九晚五、凡事照流程走的工作，在不得不採取應變措施的非常時期，都變得可以簡化、可以變通，可以用替代方案將原本鐵板一塊的規則打破。

根據幾個全球調查機構針對就業市場所做的報告，疫情趨緩後，全球就業市場有兩個值得注意的現象：**一是希望長期改採居家遠距工作的受雇者大幅增加，二是受雇者主動離職的數量快速**

成長。其中，越是年輕的族群，越是會對既有的工作模式產生質疑。

這兩個現象反映出企業管理困境：既有的企業管理制度與規範，將會因為不可預期的突發事件及數位浪潮的推波助瀾，而加速瓦解或被迫改變。

◢ 沒有正確的思維，數位工具反成威脅！

在一窩蜂的數位轉型風潮下，許多企業投資了大量的硬體、軟體、IT 人力，往所謂的數位轉型衝刺，卻產生了投入的資源不比人少，遭遇的困境及內部反彈卻持續增加，效率不增反降的問題。

其實，這樣的問題大多是因企業只看見有形投入，卻忽略了關鍵的核心思維。企業的數位轉型目的，應該是提升整體競爭力與未來發展潛力，而不應只針對營運問題、個別效能或是工具優化。

舉例來說，企業常因為要趕上數位行銷浪潮，因而架設官網、開臉書粉專、IG 帳號、LINE @帳號，但卻缺乏具體的溝通策略與目標，沒有定期發布內容，甚至沒有值得在社群上與客戶交流的內容。不僅虛耗資源，更可能因為錯植或不當的內容，成為影響企業形象的破口。

更常見的狀況是，因缺乏整體思維，資源無法放在最需要的地方，或投入資源卻無法解決問題，導致企業的管理與運作產生

更多的流程困擾。這類案例中，最常見的就是「企業資源規劃與管理系統」（ERP）和「客戶關係管理系統」（CRM）。

　　企業最大的挑戰絕非數位工具的功能，多數的不成功都是源自企業內部的人與制度的僵化、心態上不夠數位化，或是對於未來發展藍圖不夠具體清楚。企業必須先清楚知道自己的長遠規劃與未來，要避免頭痛醫頭、腳痛醫腳，才不會花了大把金錢和時間，卻未能有效解決問題。

▲ 數位資源已無差異，未來將是人才的競爭！

　　過去，企業依賴的是資源上的優勢差異，只要將規模建立起來，就能在工具與資訊上領先。例如客製化服務，自動化、規模化的生產能量，或是強大的資訊系統優勢。具備規模及技術優勢的企業較能壟斷市場，當然就能吸引人才集中。

　　但在快速數位化及後疫情時代工作模式變革的趨勢下，全球代工與分工模式的興起，雲端服務、開源軟體、訂閱模式服務都使得數位工具唾手可得。大型企業雖具資源優勢，但也容易有制度面與管理上的包袱。

　　企業必須要更有彈性地因應趨勢，擁抱數位變革所需要的新觀念、新作法，才能吸引更多的人才為組織效力。若只是持續用過去傳統的觀念與管理制度，既有的組織管理方法將不再有效。今天全球企業正面臨的缺工潮，已是我們的最佳借鏡。

國家圖書館出版品預行編目 (CIP) 資料

實戰高效主管學：培養 AI 也無法取代的八大軟實力 /
郭憲誌 著 . -- 初版 . -- 臺北市：商周出版：英屬蓋曼群
島商家庭傳媒股份有限公司城邦分公司發行，民 114.2
面；　公分（新商業周刊叢書；BW0864）

ISBN 978-626-390-436-1（平裝）

1.CST: 領導者　2.CST: 企業領導　3.CST: 組織管理

494.2　　　　　　　　　　　　　　　114000621

新商業周刊叢書　BW0864

實戰高效主管學
培養 AI 也無法取代的八大軟實力

作　　　　者／郭憲誌
責 任 編 輯／陳冠豪
版　　　　權／吳亭儀、江欣瑜、顏慧儀、游晨瑋
行 銷 業 務／周佑潔、華華、林詩富、吳淑華、吳藝佳

總　編　輯／陳美靜
總　經　理／彭之琬
事業群總經理／黃淑貞
發　行　人／何飛鵬
法 律 顧 問／元禾法律事務所　王子文律師
出　　　版／商周出版　台北市南港區昆陽街 16 號 4 樓
　　　　　　　電話：(02)2500-7008　傳真：(02)2500-7759
　　　　　　　E-mail：bwp.service@cite.com.tw
發　　　行／英屬蓋曼群島商家庭傳媒股份有限公司　城邦分公司
　　　　　　　台北市南港區昆陽街 16 號 8 樓
　　　　　　　電話：(02)2500-0888　傳真：(02)2500-1938
　　　　　　　讀者服務專線：0800-020-299　24 小時傳真服務：(02)2517-0999
　　　　　　　讀者服務信箱：service@readingclub.com.tw
　　　　　　　劃撥帳號：19833503
　　　　　　　戶名：英屬蓋曼群島商家庭傳媒股份有限公司城邦分公司
香 港 發 行 所／城邦（香港）出版集團有限公司
　　　　　　　香港九龍九龍城土瓜灣道 86 號順聯工業大廈 6 樓 A 室
　　　　　　　電話：(825)2508-6231　傳真：(852)2578-9337
　　　　　　　E-mail：hkcite@biznetvigator.com
馬 新 發 行 所／城邦（馬新）出版集團
　　　　　　　Citée (M) Sdn Bhd
　　　　　　　41, Jalan Radin Anum, Bandar Baru Sri Petaling,
　　　　　　　57000 Kuala Lumpur, Malaysia.
　　　　　　　電話：(603)9056-3833　傳真：(603)9057-6622　email: services@cite.my

封 面 設 計／兒日設計　　　　　　　內文排版／李信慧
印　　　刷／韋懋實業有限公司
經　銷　商／聯合發行股份有限公司　電話：(02)2917-8022　傳真：(02) 2911-0053
　　　　　　　地址：新北市 231 新店區寶橋路 235 巷 6 弄 6 號 2 樓

2025 年（民 114 年）2 月初版

定價／ 450 元（紙本）　350 元（EPUB）
ISBN：978-626-390-436-1（紙本）
ISBN：978-626-390-435-4（EPUB）

城邦讀書花園
www.cite.com.tw